KB270327

지구가 정말 이상하다

지구가 정말 이상하다

■이기영 지음

살림

지구가 정말 이상하다

| 차례 |

1

위기에 처한 인류문명

지구는 아프다

최초의 우주비행사 가가린은 우주선에서 바라본 지구가 푸른 바다와 녹색 숲이 조화를 이룬 아름다운 신비의 행성으로 인간이 자연과 조화롭게 살고 있는 생명의 땅으로 보인다고 말했다. 그러나 과연 오늘날의 지구도 우주에서 바라본 모습처럼 정말 조화롭고 아름다울까?

2004년 한 해에만 지진 해일이 육지를 덮치는 쓰나미와 허리케인, 집단홍수와 폭염으로 30만 명에 이르는 세계 인구가 목숨을 잃었다. 2005년에도 뉴올리언스를 덮쳐 1,300명의 사망자와 6,600명의 실종자, 그리고 1,000억 달러가 넘는 경제적 손실을 입힌 카트리나를 비롯한 수많은 허리케인, 8만 7,000명 사망자를 낸 파키스탄의 지진, 한파, 폭설에 관한 재앙뉴스가 끊이지 않고 연말까지 이어졌다. 겨울에는 유례없는 혹한으로 지구촌 곳곳이 얼어붙어 많은 가난한 사람들이 동사했다.

연중 끊임없는 자연재해로 이제는 지구가 생명을 잉태하는 아름다운 모습이 아니라 생명에게 재앙을 주는 광폭한 모습으로 변해가고 있다. 신비로운 생명의 순환이 영원히 이어질 것 같았던 지구에 짙은 먹구름이 드리워지고 있는 것이다.

이제 지구의 모습은 변해가고 있다. 1975년과 2005년의 지구 인공위성사진을 비교해보면 점선안의 북시베리아 연안빙하가 26년 만에 대부분 사라져 버렸고 얼음분포지역은 한반도의 7.5배나 되는 24%가 사라졌음을 확인할 수 있다. 이르면 50여 년 안에 다 녹아 사라질 수 있다고 한다.

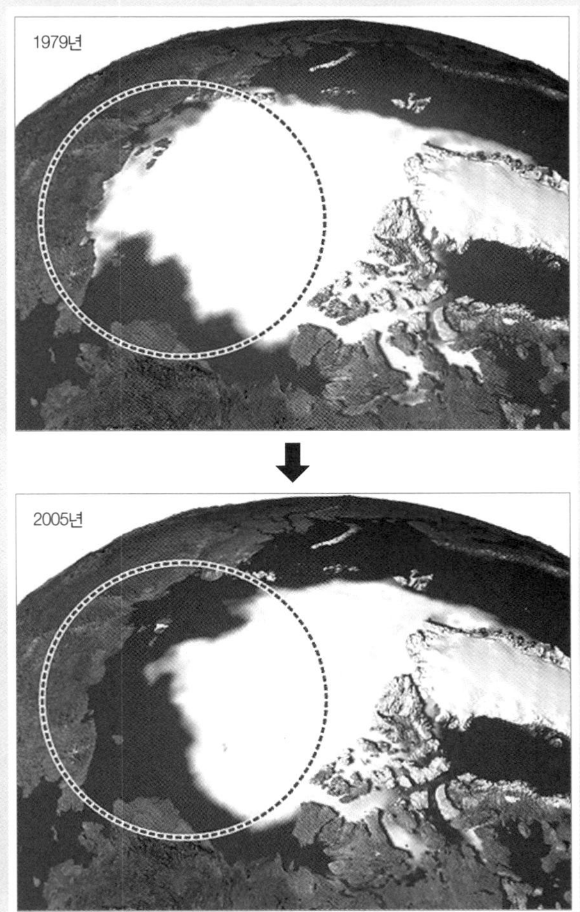

미국 항공우주국(NASA)
이 2005년 10월 공개한
북극 빙하지역의 인공위
성 사진.

　유럽이나 일본 사람들이 인류의 미래에 대해 가장 걱정하는 일은 전
쟁이나 기아가 아니라 공해로 인한 환경 파괴라고 한다. 실재로 많은 과학
자나 환경인들이 지구온난화나 환경호르몬 같은 생태계 파괴로 지구의 운
명이 풍전등화의 위기에 직면했다고 지속적으로 경고해왔다.

대한민국 환경지속성지수 122위

2005년 4월, 경북 영덕 등 남부 일부지역의 낮 최고기온이 34도까지 오르면서 열대야 현상까지 나타나 4월 기온으로는 사상 최고치를 기록했다. 초봄에 중복을 경험한 것이다. 요즘은 10년 전보다 진달래꽃이 한 달은 일찍 피고 개구쟁이들이 물놀이를 하기 위해 물속에 뛰어 들어가는 시기도 6월 초쯤으로 앞당겨졌다. 30~40년 전에는 장마가 끝나고 적어도 7월 중순의 무더위와 함께 방학이 시작된 후에야 비로소 냇가의 흐르는 물속에 몸을 온전히 담글 수 있었다. 지금은 지구온난화 때문에 여름이 한 달 이상 빨리 시작되고 있다. 물론 겨울은 30일이나 짧고 따뜻해져 한강이 얼지 않고 지나가는 것이 보통이다.

그러나 우리나라에서 이러한 변화에 귀기울이고 기상이후를 걱정하는 이들은 그리 많지 않은 듯하다. 언제 명예퇴직 당할지 알 수 없고 퇴직금을 받아 산 주식이 몇 초 만에 오르락내리락하는 급박한 형국에 어떻게 몇 십 년 뒤를 내다보며 환경 문제 따위를 걱정하며 살 수 있겠는가? 학생들은 학교나 학원에서, 어른들은 사회라는 정글에서 하루하루를 경쟁의 노예가 되어 "빨리 빨리"를 외치고 있다. 극한 경쟁에 몸을 맡기는 세상에 살다보니 지구온난화로 인한 환경 문제까지 배려할 여유가 없다.

그러니 2005년 우리나라의 '환경지속성지수'는 세계 146개국 중에서 122위에 머무는 최악의 상황이다. 환경지속성지수는 오염물질의 부하와 질병, 에너지 사용량 등 환경부문은 물론 사회와 경제 등 광범위한 분야에 걸쳐 68개 항목을 선정, 태생적 여건과 현재 상황, 미래의 환경도전에 대한 대

대규모 산사태와 홍수의 원인은
나무들을 베어내고 도로를 내거
나 아파트를 지으며 숲을 파괴
한 난개발 때문이다.

처역량 등을 종합적으로 평가한 것이다. 최근엔 이러한 극심한 환경오염이 우리 몸의 건강도 악화시켰기 때문인지 식품오염과 더불어 실내공기오염으로 아토피와 암 발생률이 급격히 늘고 있다.

전 국토를 자세히 들여다보면 1995년부터 실시된 지방자치제로 곳곳이 도로공사로 파헤쳐지며 산산 조각이 나고 있다. 지나친 지하수 개발과 사후대책 미비로 이미 수도권 지하수의 90% 이상이 음용불가 판정이 났고 공기 중에 존재하는 발암물질인 미세먼지 농도도 OECD 최고 수준이다. 한여름에는 세계 최악의 오염 도시로 알려진 멕시코시티보다도 오존(ozone) 농도가 더 심각한 상황이다.

현대 서구문명은 자살문명인가?

얼마 전, 필자는 학교 가는 길 시골동네 어귀에 있는 작고 예쁜 소나무 숲이 절반으로 줄어든 것을 깨달았다. 이 숲은 100여 년 가까이 된 아름드리 소나무들이 무덤을 둘러싸고 있는데 능선이 아름다운 뒷산과 잘 어우러져 한 폭의 동양화 같았다. 나는 출퇴근 시간에 여유가 있으면 종종 차를 길가에 세우고 사철 변하는 소나무 숲을 사진에 담곤 했다. 그런데 몇 년 전부터 게릴라성 폭우와 매년 기록이 갱신되는 풍속의 태풍으로 인해 소나무 가지가 하나 둘 부러지고, 어떤 나무는 아예 통째로 꺾여 쓰러졌다. 그런데 작년 초봄에 50cm나 내린 기록적인 폭설이 녹으면서 무게를 견디지 못한 소나무들이 큰 손상을 받아 이제 몇 그루 안 남아 가려져 있던 무덤까지 훤히 드러났다.

호서대로 향하는 동네어귀의 소나무들.
매년 기록을 갱신하는 게릴라성 폭우와 풍속으로 수난을 당하고 있다.

최근 세계 기후학자들의 과학적인 연구결과로 근래의 가파른 지구온도 상승은 자연 현상보다는 인간의 활동으로 인해 일어난다는 것이 정설로 받아들여지고 있다. 지나친 화석 에너지 남용과 탄산가스를 흡수하는 숲의 파괴 등으로 온실기체가 증가하기 때문이라는 것이다.

동양적인 아름다움을 간직한 소나무가 수난을 당하는 것을 가슴 아프게 바라보며 망연자실해 있다가 문득 기상이변으로 인한 자연의 황폐화가 이미 상당히 진행되고 있다는 사실을 깨달았다. 지구온난화가 드디어 자연을 회복이 불가능한 정도로 망가뜨리고 있어 지구 생태계가 죽어 가고 있는 것이다. 더구나 최근 소나무 에이즈라고 불리는 재선충병이 일본에서 건너와 수많은 소나무들이 말라죽어가고 있다. 이렇게 나가다가는 몇 년 뒤 우리나라에는 성한 소나무들이 몇 그루 안 남겠구나 하는 생각이 들었다.

그런데도 여전히 현대인들은 경제적 이익만을 추구하며 더 큰 차, 더 큰 아파트 등 사치와 편리함만을 추구하는 경쟁적인 낭비 생활의 쾌락만을 추구하고 있으니 이 서구 현대문명은 자살문명이라고나 할까?

영화 「투모로우」의 경고

영화 「투모로우」의 경고

지난 15년 동안 지구온도가 9번이나 차례차례 최고기록을 갱신했다. 역사상 가장 따뜻했던 해의 1위부터 9위까지가 모조리 1990년 이후에 발생해 지구온난화가 가속되고 있다는 사실을 보여주었다.

2005년 1월에는 전 세계 명망있는 정치인과 학계 및 업계 지도자들로 구성된 태스크포스팀이 작성한 「기후변동에 대한 대응」이란 보고서는 현재 대기 중 이산화탄소 농도가 379ppm으로 매년 2ppm씩 상승해 앞으로 10년 안에 400ppm이 되면 인류는 돌이킬 수 없는 재앙을 맞이할 것이라고 경고했다. 이 보고서는 1750년 산업혁명 이후 지구평균온도가 0.8도 상승했는데 2도 이상이 되면 정상으로 회복하기가 불가능하므로 재생 에너지 생산을 획기적으로 늘리는 등 아주 특별한 대책이 추진돼야 한다고 주장했다.

최근에는 지구온난화가 오히려 갑자기 빙하기를 가져올 수 있다는 설이 제기되면서 사람들의 관심을 모으고 있다.

2004년 5월에 개봉되어 환경인들의 큰 관심을 불러일으켰던 영화 「투모로우」에는 지구온

재난영화의 대명사로 불리는 「투모로우」. 환경 파괴가 지속되면 지구온난화가 가속화되어 어느 날 빙하기가 시작될 수 있다고 예고한다.

난화로 빙하가 녹고 북대서양의 해류가 멈추면서 몇 주 만에 지구에 빙하기가 급습하는 대재앙을 다루고 있다. 정말 우리 지구촌에 이러한 비극적 상황이 도래할 것인가?

빙하기는 도래할 수 있는가?

해마다 층층이 쌓이는 눈으로 만들어지는 빙하는 마치 나무의 나이테처럼 나이를 갖는다. 빙하를 시추해 얻은 얼음시료에는 작은 기포가 압력을 받아 고체화된 상태로 들어 있는데 여기에 갇힌 공기를 분석해보면 수십만 년 전에 만들어진 탄산가스와 메탄가스 등 대기의 조성과 농도 같은 많은 자료를 얻을 수 있다. 얼음을 이루는 다양한 화학성분들을 분석해 보면 당시의 기후변화와 대기환경을 매우 정밀하게

「투모로우」에서는 빙하가 녹으면서 로스앤젤레스에서는 빌딩들을 초토화시키는 토네이도가, 뉴욕에선 높이 7m의 거대한 해일이 도시 전체를 덮치는 장면이 연출되었다.

과학자들은 지구온난화로 해류가 멈춰 지구 북반구가 추워져 빙하기가 도래하는 상황이 가능한 일이라고 한다. 지구 에너지를 생태계가 망가질 정도로 낭비하는 현대문명에게 던지는 경고가 아닐 수 없다.

추측할 수 있다. 이 때문에 빙하는 그야말로 냉동캡슐이다. 이 같은 과학적 사실을 근거로 만든 영화가 「투모로우」이다.

기상학자 잭홀 교수는 남극빙하를 연구해 기후변화 예측모델을 개발하는 프로젝트를 진행시키는 일에 종사한다. 라센(Larsen)빙하를 탐사하던 잭홀 교수는 빙하가 갈라지면서 붕괴하는 장면을 목격하고 곧 기상이변이 올 것을 직감한다. 그는 국제회의에 나가 급격한 지구온난화로 남극빙하가 녹아 해류의 흐름이 바뀌어 지구에 빙하기가 찾아올 것이라고 경고하지만 비웃음만 산다. 게다가 잭홀 교수는 상사와 논쟁으로 뉴욕에서 열리는 퀴즈대회에 나가는 아들 샘을 공항에 데려다 주는 것을 잊고 만다. 얼마 뒤 샘이 탄 비행기가 난기류를 만나고 지구 곳곳에 이상기후 증세가 나타난다. 동경에서는 폭우와 함께 주먹보다도 더 큰 우박이 내려 많은 사람들이 다치고 로스앤젤레스에서는 빌딩들을 초토화시키는 토네이도가, 뉴욕에선 높이 7m의 거대한 해일이 도시 전체를 덮치는 거대한 장면이 시종일관 보는 이들을 긴장시킨다. 잭홀 교수는 해양 온도가 13도나 떨어졌다는 소식을 듣고 그를 도우려는 동료와 함께 아들을 구하려고 뉴욕으로 떠난다. 천신만고 끝에 해일로 물에 잠겨 완전히 얼어붙은 뉴욕에 도착한 그는 결국 도서관에 갇힌 아들을 구한다는 내용이다.

물론 이 영화에서처럼 갑자기 하강한 차가운 공기로 인해 모든 것이 얼어붙는 살인적인 추위가 현실적으로 가능한 일인지 논란의 여지가 될 수 있다. 영화 속에서 뉴욕자연사박물관 안에는 빙하기에 얼어 죽었다는 매머드가 풀을 뜯어 먹다가 3초 만에 선 채로 얼어 죽었다는 이야기가 나온다. 지금까지 남극에서 관측된 최저온도는 영하 89도였다. 실험실에서 사용하는 냉동액체질소가 영하 196도 정도인데 여기에 개구리를 넣으면 곧바로 얼어버린다. 물론 공기는 열 전달률이 크게 떨어져 아무리 바람이 세게 분다 하더라도 3초 만에 얼어버릴 가능성은 적다.

2005년 말과 2006년 초에 이어진 겨울동안 유럽을 비롯한 지구촌 곳곳을 강타한 한파가 적도에서 유럽으로 올라가는 멕시코만류(Gulf Stream)의 흐름이 약해졌기 때문이라는 연구결과가 발표돼 주목을 받았다. 지난 2005년 11월 30일 영국 BBC 방송은 "멕시코만류의 흐름이 약해지고 있어 유럽이 수십 년 내에 극심한 한파를 겪을 수 있다."는 영국 국립해양과학센터(NOC)의 전망을 보도했다.

해리 브라이든 교수는 "지난 50년간 북대서양 심해 25개 지점의 해류량을 측정한 결과 유럽 해안을 지나는 멕시코만류의 양이 1992년에 비해 30%나 줄었다."며 "발전소 수백만 개에서 나오는 열량으로 영국과 스칸디나비아반도를 덥히고 있는 멕시코만류가 줄어들면 수십 년 안에 유럽, 나아가 북반구 전역에 빙하기가 닥칠 수 있다."고 경고했다.

빙하를 통해 확인한 기후의 변화

베일이 벗겨진 대륙, 남극

실제로 미국과 유럽 및 일본의 과학자들은 미래의 기후를 예측하기 위해 남극빙하를 연구한 자료를 토대로 기후예측모델을 개발하고 있다.

1959년 워싱턴에서 남극협약이 조인돼 군사행동이나 핵폐기물을 저장하는 것이 금지되고, 누구도 남극을 소유할 수 없게 되면서 남극대륙과 주변해역은 과학연구지역으로 이용되고 있다. 1957년에서 1958년 사이에 끔찍하도록 춥고 황량한 이곳에 구소련 사람들이 보스토크 기지를 세운 이래 남극에 사람이 살기 시작하였다. 1983년 7월엔 지구 역사상 가장 낮은 기온인 영하 89.6도를 기록하기도 하였다.

1,500만 년 전 빙하가 형성되기 시작한 남극은 고도가 3,488m로

남위 78도 동경 108도 지점에 위치해 있다. 남극대륙의 실상은 50만 년에 걸쳐 내린 눈이 쌓여 만들어진 얼음산이다.

남극대륙의 넓이는 일년 내내 얼음으로 덮인 바다인 빙붕(氷棚, ice shelf)을 포함해 1,360만km²가 넘고 이는 지구 육지면적의 9.2%나 되어 유럽이나 호주보다 넓고 남아메리카대륙의 2/3가 넘는다. 남극 얼음의 총량은 3,000만km³나 돼 지구상에 존재하는 총 담수량의 약 70%에 해당하고 빙상의 평균 두께는 2,160m이며 가장 두꺼운 빙상은 4,800m에 달한다. 남극 빙상은 자체 무게의 압력으로 바닥 부분이 녹으면서 강물이 흐르는 것처럼 빙상의 아래에 있는 육지의 표면경사에 따라 흐른다. 해안에 이르러서는 바다 위를 뻗어나가면서 점점 얇아져 바다에 떠 있는 빙붕을 형성하며 로스(Ross) 해에 떠 있는 로스 빙붕과 웨델(Weddell) 해에 있는 론(Ronne) 빙붕은 각각 약 50만km²의 해수면을 덮고 있다. 고도가 높아 산소가 희박하게 느껴지며 연평균 기온이 영하 55.4도로 웬만한 합성섬유는 부스러져 버려 가죽이나 면 등의 천연섬유를 입어야만 될 정도로 지독하게 춥다.

남극에는 북극과 달리 나무가 없고 흔히 남극을 상징하는 새〔鳥〕로 알려진 펭귄은 남극에만 사는 것은 아니다. 펭귄의 서식지는 남극 해안지방을 비롯해 적도 바로 아래에 있는 갈라파고스제도와 남아메리카 남부 동서해안, 오스트레일리아, 남아프리카, 뉴질랜드의 남쪽해안을 포함한 아남극에 분포한다. 1,500만 년 전 남극에 빙하가 형성되었고 약 300만 년 전에 북극해가 빙하로 덮인 후, 지구 표면은 빙하시대에 접어들었다.

33번째로 남극조약에 가입한 대한민국

우리나라가 남극에 관심을 갖고 남극지역에 처음 진출한 것은 남빙양의 크릴을 시험 조업하기 시작했던 1978년이었다. 1986년에는 우리나라가 세계에서 33번째로 남극조약에 가입했고 다음해인 1987년 초에 우리나라 정부는 마침내 남극기지 건설을 결정하여 한국해양연구원에서는 남극과학연구팀이 구성되었다. 그 해 8월 28일에는 한국남극연구위원회(KONCAR: Korea National Committee on Antarctic Research)가 창립되어 남극연구를 위한 국내체제를 갖추게 되었고 1988년 세종기지 건설 이후 우리나라의 남극활동은 비약적으로 발전해 연구 분야와 지역이 점차 확대되고 있다.

초기연구는 주로 킹조지 섬 맥스웰 만(Maxwell Bay) 주변에서만 이루어졌으나 90년대 이후에는 브랜스필드 해협과 웨델 해 지역으로 확대되었고, 최근에는 북극지역까지 연구지역을 확장하였다. 극지방의 기상, 지진, 지자기 관측이 지속적으로 이루어지고 아울러 고층대기 온도, 오존층(ozone layer) 관측도 실시되고 있다. 이제는 주변지역 지질조사, 해양환경변화 관측 등 장기적으로 실시되어야 하는 정상관측으로부터 지구규모의 환경변화를 감지하고, 이해하고, 그 대책을 강구하는 데 필요한 연구까지 그 범위가 점차 확대되고 있다. 이외에도 기지주변 환경모니터링 계획에 의해 연안생태, 해수특성, 대기, 토양 환경에 대한 조사연구가 계속되고 있으며 이러한 지속적인 연구는 지구 전체의 환경변화와 연관되어 남극지역의 역할과 변화를 이해하는 데 매우 귀중한 자료로 활용될 것이다.

서남극 남극반도에 평행하게 발달한 남쉐틀랜드 군도의 킹조지 섬과 넬슨 섬으로 둘러싸인 맥스웰 만 연안에 있는 세종기지. 1988년 세종기지 건설 이후 우리나라의 남극활동은 비약적으로 발전해 연구 분야와 지역이 점차 확대되고 있다.

특히 환경모니터링은 기지주변에서 인간의 활동이 남극 생태계에 미치는 영향을 지속적으로 관찰하는 연구로서 남극조약에서도 적극 권장되고 있다.

한편 우리나라는 남극과 아울러 북극의 환경 및 자원 연구를 위하여 2002년 4월 29일 노르웨이령 스발바드 군도(Svalbard Islands), 스피츠베르겐 섬(Spitsbergen Island)의 니-알슨(Ny-Alesund)에 북극다산과학기지를 개설하였다.

지구의 환경변화를 알려주는 빙하 연구

남극의 얼음 속에는 과거 수십만 년 동안 지구가 겪어 온 기후변화에 대한 생생한 기록들이 그대로 보존되어 있어, 나무의 나이테처럼 쌓여 빙하는 지구 환경변화에 대한 많은 정보를 제공하는 '냉동타임캡슐'이다.

특히 가끔 갈색층이 눈에 띄는데 이것은 커다란 화산폭발로 화산재와 먼지가 쌓여 생긴 것으로 이 시기에는 건조하고 기온이 낮았다. 주변 바다에서 증발한 수증기는 남극에서 눈이 되어 내리는데 눈은 쌓이면서 생기는 압력 때문에 점차 얼음으로 바뀐다. 눈의 밀도는 대략 $0.2{-}0.4g/cm^3$이고 아래로 내려가면서 점차 증가해 얼음으로 바뀌면서 밀도는 $0.83g/cm^3$까지 높아진다.

대략 100m 깊이에서는 눈 입자 사이에 있는 공기들이 고립되면서 얼음 속에 갇히게 되며 이 기포들은 얼음으로 변형될 당시의 대기성분들을 그대로 가지고 있다. 더 깊어져 300m에 이르면 얼음의 무게로 인해 압력이 더 높아지며 각각의 기체 성분들은 다공질의 결정체인 클라드레이트 수화물(clathrate hydrate)형태의 고체로 바뀌어 기포는 육안으로 식별할 수 없게 된다. 그러나 얼음을 녹이면 다시 공기로 바뀌게 된다. 이렇게 압축과 재결정과정을 거쳐 이루어진 빙하는 깊이 들어갈수록 흰색이 푸른빛으로 변하며 녹여도 보석처럼 푸른빛을 띤다.

대기 중에 있는 산소와 수소는 대부분이 원자량이 16인 산소와 원자량이 1인 수소로 구성되어 있으나 원자량이 18과 2인 산소와 수소의 동위원소도 미량 존재한다. 남극 얼음을 구성하고 있는 물분자들의 산소 동위원소비와 수소 동위원소비는 눈이 내릴 당시의 기온에 따라 증가하거나 감소하는 특성을 가지고 있다. 따라서 이러한 산소 동위원소비의 변화와 수소 동위원소비의 변화를 분석하면 과거의 기온변화를 한눈에 볼 수 있다.

오늘날의 과학적 분석에 따르면 기온변화에 따른 각 원소비의 증감관계는 뚜렷한 상관관계를 가지고 있다. 즉, 기온이 내려가면 각 원소비가 감소하고 올라가면 역으로 각 원소비는 증가하는 경향을 보여준다. 이러한 특징은 짧게는 여름과 겨울의 계절 변화에 따라 나타나는 것은 물론 길게는 빙하기와 간빙기의 기온변화에 의해 나타난다. 따라서 동위원소 질량분석기를 이용해 남극에서 시추한 얼음 시료를 일정한 간격으로 분석하여 얻은 산소와 수소의 동위원소비 변화율을 가지고 온도를 알아내 과거의 기후변화 양상을 복원할 수 있다.

한편, 기포에 있는 가스 성분은 눈이 쌓일 당시의 대기 성분을 그대로 갖고 있으므로 기포 성분을 분석한다면 수십만 년 동안의 대기

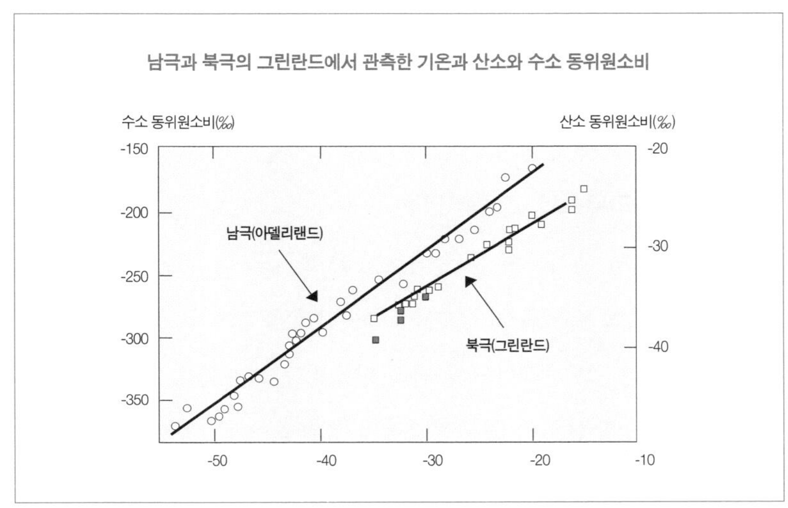

▶▶남극 얼음을 구성하고 있는 물분자들의 산소 동위원소비와 수소 동위원소비는 눈이 내릴 당시의 기온에 따라 증가하거나 감소하는 특성을 가지고 있다. 산소와 수소 동위원소비의 변화를 분석하면 과거의 기온변화를 한눈에 볼 수 있다.

성분 변화과정을 파악할 수 있다. 18세기 중엽의 산업혁명 이후 석탄과 석유 등 화석연료가 대량으로 사용되거나 농지개간 등의 인간 활동에 의해 대기로 다량 방출되어 지구온난화의 주범으로 간주되고 있는 이산화탄소와 메탄가스의 농도를 측정하기 시작한 시기는 그리 오래되지 않았다. 대기의 이산화탄소 농도는 1958년부터 측정되기 시작하였고 메탄가스 측정은 1970년대 들어와서야 가능해졌다. 이런 가운데 남극 얼음 속의 기포의 조성을 분석해낼 수 있다면 이미 지나가버린 까마득한 과거인 수백에서 수천 년, 때로는 수십만 년 전의 공기의 조성과 농도까지도 알 수 있는 것이다. 그러나 남극의 혹독한 환경에서 빙상의 얼음을 시추하기 위해서는 첨단장비와 기술력 그리고 막대한 물자, 인력과 비용이 소모되기 때문에 아직까지도 일부 선진국에서만 실시하고 있는 실정이다.

클로드 로리우스의 고기후 연구

1957년 대학 게시판에 붙은 벽보를 보고 처음 남극과 인연을 맺은 프랑스의 클로드 로리우스는 1970~1980년대에 걸쳐 남극연구의 선봉장 역할을 했다. 그는 덴마크의 빌리 단스가르드와 함께 눈이 내릴 당시의 대기온도와 산소의 동위원소와의 상관관계를 알아냈다. 나중에 빌리 단스가르드는 북극으로 가 그린란드의 빙원을 연구했는데 센추리 캠프에 설치된 미군 실험실에서 연구를 도와주어 1966년 처음으로 1,387m에 달하는 빙하의 천공시료를 채취하는 데 성공했다. 이로 인해 옛날의 기온을 알아낼 수 있었다.

사교성이 좋았던 클로드 로리우스는 냉전의 벽을 허물고 남극과학연구위원회를 통한 국제 협력을 사실상 이끌어 보스토크 기지의 구소련학자들과 긴밀하게 협력하여 많은 정보를 얻어냈다. 얼음을 뚫기 위해 전기로 열을 내는 날을 단 직경 10cm 정도의 원통형드릴로 얼음을 파들어 가는데, 펌프를 이용해 생긴 물을 즉시 지상으로 퍼내지 않으면 다시 얼어 드릴이 멈춰버렸다. 구멍의 내벽이 압력으로 녹는 것을 방지하기 위해 얼지 않는 등유로 채우기도 했다. 보스토크에서 1980년에 시작된 천공작업은 2,202m 깊이까지 파내려가 15만 년 전의 기온뿐만 아니라 대기의 화학적 조성도 알아냈다.

1992년 그린란드에서는 북대서양지역의 기후변화를 연구하기 위해 3,023m 깊이의 빙하를 파내려갔다. 그리고 42만 년 동안 10만 년 주기로 네 차례나 반복된 빙하기와 간빙기의 기후 순환이 있었음을 알아냈다. 이 기록을 분석해보면 이전의 간빙기들보다 지금의 홀로세 간빙기가 비정상적으로 오래 지속되고 있다는 것을 알 수 있다. 이렇게 온난한 기후가 오랫동안 지속돼 생태계가 번성하면서 현재 인류문명이 탄생하게 된 것이다. 2003년에는 유럽의 다국적 연구팀이 남극에서 다시 3,000m가 넘는 빙하를 시추해 과거 74만 년의 기후 기록을 만들어냈다.

기후변화의 주 요인은 과거 유고슬라비아의 과학자인 밀루틴 밀란코비치(Milutin Milankovitch, 1879~1958)가 제시한 지구궤도 변수의 변화에 기인하는 지구에 도달하는 태양 에너지량의 변동이다. 하지만 빙하시추로 얻어낸 과학적 자료는 이산화탄소와 메탄가스가 빙하기와 간빙기 사이의 온도변화에 큰 영향을 주었다는 사실을 입증하고 있다. 오늘날의 382ppm에 달하는 이산화탄소 농도와 1,700ppb의 메탄가스 농도는 지난 42만 년 이래 자연적인 농도변화 폭을 훨씬 초과해 전례 없이 높은 농도를 보이고 있다. 이것은 인간 활동에 의해 발생하고 있는 지구 환경 파괴가 우리가 생각했던 것보다 훨씬 심각하다는 사실을 보여주는 과학적 증거이다. 최근에 와서야 인류는 그 피해가 바로 우리에게 돌아온다는 사실을 깨닫고 있기는 하지만 남극에서 일어나고 있는 최근의 빙붕 붕괴 현상은 그 사태의 심각성을 경고하고 있다.

빙하의 해수면 조절 능력 상실

영국의 페러데이(Faraday) 기지에서 관측된 기상자료에 의하면 지난 50년 동안 연 평균 기온이 약 2.5도 상승해 남극반도의 서부지역은 지구상의 어떤 곳보다도 온난화가 빠르게 진행되어왔다.

빙붕이 차지하는 얼음의 양은 전체 남극의 약 2% 정도이다. 남극반도 동부 연안에 있는 라센A 빙붕은 1995년에 완전히 붕괴되었고 라센B 빙붕은 1998~1999년에만 1,714km²의 빙붕이 사라졌다. 1998년 10월에는 가로 25km, 세로 150km의 거대한 빙산이 떨어져 나오기도 했다. 남극반도 서부 연안에 있는 윌킨스(Wilkins) 빙붕의 경우는 1990~1992년에 796km², 1992~1995년에 564km²가 사라졌다.

대부분의 과학자들은 이러한 빙붕의 대규모 붕괴가 지구온난화에

남극은 지구상의 기후변화에 의해서 야기되는 환경의 변화를 일으키는 중요한 지역으로 남극에 분포하는 빙하의 양이 기후변화와 해수면의 변화를 통제한다.

따른 남극반도의 기온 상승 때문인 것으로 단정하고 인공위성을 이용하여 이 지역의 빙붕 붕괴 추이를 계속 관찰하고 있다. 만약 남극의 빙상이 전부 녹는다면 서남극대륙의 빙상은 약 5m, 동남극대륙의 빙상은 약 60m의 해수면을 상승시킬 수 있으므로 전부 녹는다면 지구 전체에서 약 65m의 해수면이 상승한다.

최근 일어나는 빙붕의 대규모 붕괴는 지구온난화에 따른 남극반도 지역의 기온 상승 때문인 것으로 추정되어 과학자들의 빙붕 붕괴 추이 관찰은 계속되고 있다. 남극은 지구상의 기후 및 기후변화에 의해서 야기되는 환경의 변화를 일으키는 중요한 지역으로 남극에 분포하는 빙하의 양이 기후변화와 해수면의 변화를 통제한다.

빙하의 양이 증가하면 지구가 전체적으로 추워지면서 해수면은 낮아진다. 물론 남극에 있는 빙하의 증감은 지구의 자전축 변화에 의한 태양 복사량의 변화에 달려있다. 지구의 기후변화는 해수의 온도변화와 직결된다. 남극에 있는 빙하의 양은 지구 전체의 해수의 변화를 가져오고, 이는 대기의 온도변화를 초래한다. 즉, 현재 전 세계 해양에는 제일 밑바닥에 남극 저층수가 존재하며 남극 저층수 위에는 북대서양 심층수가 존재한다. 남극 저층수의 온도는 약 영하 1.4도 정도이며 북대서양 심층수의 온도는 약 2도 정도이다. 최근에 밝혀진 사실에 의하면 남극 저층수의 생성이 증가하면 북대서양 심층수의 세력이 감소하여 지구 전체의 기후는 차가워진다. 이와 반대로 남극 저층수의 생성이 감소하면 북대서양 심층수의 생성이 증가하여 지구 전체의 기후가 따뜻해진다. 매우 흥미 있는 사실은 남극 저층수나 북대서양 심층수의 증감이 전 세계의 기후변화를 통제하지만 짧은 순간(수십 년)에 북대서양 심층수의 생성이 중단될 수 있다는 것이다. 이 경우 지구의 기후는 짧은 시간 동안 매우 차가워지며 빙하기로 돌아갈 수 있다.

근래에 들어 남극과 북극의 빙하시추시료를 종합적으로 연구한 결과 과학자들은 특이한 현상을 발견했다. 8천 년 전과 1만 3천 년 전쯤에 대서양 난류가 끊어지면서 북유럽이 얼음으로 뒤덮이는 사태가 생겼는데 두 경우 모두 기온이 점차적으로 높아지다가 갑자기 떨어지면서 생긴 일이었다. 현재 지구온난화로 지구 온도가 높아지고 있는 상황과 매우 흡사해 과학자들은 지구온난화가 이 상태로 가속화되면 갑자기 빙하기가 도래할 수도 있다는 결론에 도달하게 되었다. 지구의 고기후(과거 지질시대의 기후상태 및 변천을 연구하는 학문) 연구결과를 보면 역사적으로 이러한 사건은 이미 여러 차례 발생했다.

「펜타곤 리포트」가 예고하는 기후재앙

2004년 초에 매스컴을 통해 공개된 미국방부의 비밀 보고서인 「펜타곤 리포트」에 따르면 인류는 2010년에서 2020년 사이에 기후변화로 인한 기후재앙 때문에 가뭄, 기근, 폭동, 전쟁으로 무정부상태에 빠질 가능성이 크다고 한다. 이 보고서는 기후재앙으로 인한 식량난과 식수난, 에너지난이 겹치면 지구 곳곳에서 혼란이 일어나 필연적으로 인류 문명 전체가 공멸을 불러올 수도 있다고 대책을 촉구했다.

현재 지구 곳곳에서 태풍과 호우, 폭설 등 이상기후로 인한 재난의 빈도가 잦아지는 가운데, 한반도로 내습하는 태풍의 강도도 점차 강해지는 추세이다. 지난 2002년 태풍 '루사'가 불어 닥쳐 246명이 사망 또는 실종되고, 5조 원 이상의 재산 피해를 보았다.

이상기후로 태풍과 호우가 점차 빈번하게 발생해 피해 규모가 커지고 있다. 2002년 한반도에 태풍 '루사' 가 불어 닥쳐 246명이 사망 또는 실종되고, 5조 원 이상의 재산 피해를 보았다. 2003년에도 태풍 '매미' 로 인해 131명의 인명 피해와 4조 원 이상의 막대한 재산 피해가 발생했다.

2003년에도 태풍 '매미'로 인해 131명의 인명 피해와 4조 원 이상의 막대한 재산 피해가 발생했다. 지난 100년 동안 지구평균온도가 0.5도 상승한 데 비해 우리나라는 이의 3배인 무려 1.5도나 상승했다. 삼면이 바다로 둘러싸인 한반도는 해류의 영향으로 세계 어느 지역보다도 온난화의 영향이 큰 지역이다. 부산 앞바다의 해수면은 매년 2-2.5mm 씩 상승해 지구평균인 1.5mm보다 훨씬 높고 주로 남해에서 잡히던 멸치가 수온상승으로 동해로 이동하고 있는 실정이다.

지구온난화 시나리오

지구온난화가 지금처럼 계속 진행돼 극지방의 빙하가 녹게 되면 북극해는 담수의 홍수를 맞게 된다. 이렇게 북극해는 수온이 크게 올라가고 열대에서 흘러든 해수와의 온도 차이가 줄어들어, 적도에서 발생해 극으로 흐르는 북대서양 난류도 점차 약해진다.

만일 이 따뜻한 해류의 유입이 중단된다면 북극해의 해수온도가 급강하하면서 열대로부터의 대기 흐름도 중단돼 기온이 갑자기 크게 낮아질 것이다. 난류의 영향으로 따뜻하던 지구 북반구 중위도 지역은 해류가 끊기면서 점점 추워져 여름에도 눈이 녹지 않고 쌓이게 된다. 양극지방의 빙하가 녹아 담수가 해수를 묽게 하면서 해류가 멈추고 온실효과로 온도가 상승하면 극지방으로 증발된 수증기를 더 많이 공급해 적설량도 크게 증가된다. 이에 따라 설빙권의 면적도 점점 커져 태양복사에 대한 지구의 반사효과인 알베도 효과(지구가 태양으로부터 받은 전체 에너지의 30%가 다시 구름과 지표 및 얼음 등에 의해 다시 지구 밖으로 반사돼 손실되는 효과)가 더욱 커지고 지표기온은 더욱 낮아지면서 지구는 빙하기로 접어든다.

한랭한 공기는 남쪽으로 이동하면서 열대에서 극으로 이동하는 온난기단과 충돌하게 된다. 이러한 상황은 성층권의 극도로 한랭한 기단에 의해 더욱 악화될 수 있다. 결국엔 폭풍의 강도를 더욱 강화시켜 거대한 폭풍을 발생시킬 것이다. 슈퍼폭풍이 발생하면 북반구는 상당한 지역이 눈으로 뒤덮이고 얼음 아래에 묻혀 영화「투모로우」에서 본 끔찍한 한랭기단의 폭풍이 발생할 수 있다.

특히 열대지방인 멕시코 만에서 생겨 적도 부근의 따뜻한 물을 그린란드까지 운반해주는 북대서양 난류가 멈추게 되면 위도가 높은 북반부는 급속히 추워지면서 빙하가 늘어나고 적도 부근은 뜨거운 해류의 정체로 온도가 높아져 사막이 늘어난다. 북대서양에서 난류가 형성되는 이유는 적도 부근의 따뜻하고 염분 농도가 높은 바닷물이 북극지방에까지 와서 빙하에 부딪혀 차가워지면서 밀도가 높아져 깊은 심해로 가라앉으면서 대양 사이에 큰 대류 현상이 일어나기 때문이다.

대서양 바닷물의 염분 농도는 다른 어느 곳보다 높다. 바람이 대서양에서 파나마 지협을 통해 태평양으로 끊임없이 불면서 물을 증발시키기 때문이다. 북대서양 난류는 매초 3,000만m^3에서 1억m^3의 물을 실어 나르며 최대 속도는 초속 2m이다. 이것은 지구상 모든 강의 유량을 합친 것보다 100배도 넘는 양이다. 보통 바닷물은 염분 농도가 높으면 밀도가 높아져 무거운데 온도에 따라서도 달라진다. 수온이 섭씨 4도까지는 온도가 떨어짐에 따라 밀도가 커지지만 4도 이하가 되면 물이 얼어 밀도가 다시 낮아진다. 밀도가 낮은 물은 다시 가벼워지는데 이 때문에 얼음이 물 위에 뜨는 것이다.

북대서양 난류를 타고 북극 부근으로 밀려 들어온 고염도의 해류는 얼음과 부딪혀 수온이 떨어지는데 밀도가 높아져 상대적으로 무거워진다. 이로 인해 바다 표면에 거대한 소용돌이가 만들어지면서 표면의 물은 계속해서 심연으로 빨려 들어가듯이 엄청난 속도로 하강한다. 이렇게 바다 속 깊이 하강한 물은 적도 쪽에서 이동해온 물을 대신 채워주기 위해 심해에서 다시 적도 방향으로 거꾸로 이동하는데 이 때문에 심해대류가 형성된 것이다. 물이 하강하는 주요지점은 래브라도 해

지구 곳곳에서 태풍과 호우, 폭설 등 이상기후로 인한 재난의 빈도가 잦아지는 가운데, 한반도로 내습하는 태풍의 강도도 점차 강해지는 추세이다.

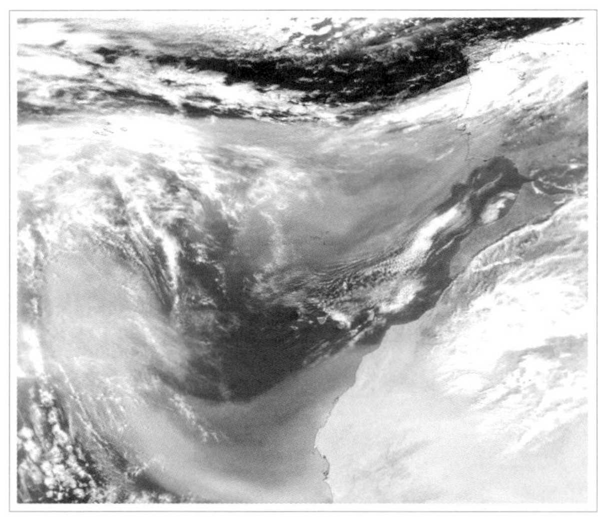

공기의 이동이 흐트러지면 슈퍼폭풍이 나타나기도 하고 사막이 발생하기도 한다. 미국 나사를 포함한 과학자들은 지구온난화로 공기의 흐름이 어떻게 변화하는가 위성 촬영을 통해 확인하고 있다.

와 남극해 주변으로 해류의 순환 하나가 완전히 끝나려면 1,000년이 걸린다.

한편 지구 기온이 올라가면 북대서양에서 태평양 쪽으로 부는 바람의 방향도 바뀌게 된다. 그리고 기온상승으로 적도 바다에서 더 많은 양의 물이 증발하고 이렇게 증발한 물은 북대서양 쪽으로 이동하는데 이곳에서 차가운 공기와 부딪치면서 비가 되어 다시 바다로 쏟아진다. 이 결과 북대서양 바닷물이 희석되어 염분 농도는 더 떨어지게 된다.

기온상승으로 북대서양의 바닷물이 차가워지는 정도가 떨어지고 북극의 빙하가 녹으면서 염분은 더 희석되고 수온이 떨어지는 정도도 미약해진다. 결국 북대서양을 흐르는 난류가 약해지는 결과가 오고 난류가 품고 있는 열을 공급받지 못하게 된 영국과 스칸디나비아가 추워지는 것이다. 스칸디나비아 반도는 원래 위도가 시베리아처럼 높아 아주 추운 곳이지만 심해대류순환으로 흘러들어온 적도의 따뜻한 바닷물 때문에 온화한 기후를 유지해온 것이다.

더워지는 지구의 결말은?

그린란드의 눈은 수십만 년 동안 한 번도 녹은 적이 없고 매년 눈이 덮여서 조금씩 두꺼워져왔다. 채취한 빙하시료의 분석결과에 따르면 8,000년 전에 지금과 마찬가지로 따뜻해지다가 갑자기 추워졌다. 그린란드의 연평균 기온이 섭씨 3도 이상 떨어졌고 식량생산이 급격히 줄어드는 현상이 나타났으며 여러 가지 과학적 자료로 미루어볼 때 이러한 결과는 심해해류순환의 붕괴에 의해 발생했을 것이라는 게 고기후학자들의 견해이다.

지금의 온난화추세는 어떤가? 각종 분석 자료들을 보면 8,000년 전에 일어난 지구온난화 정도가 현재 우리가 맞이할 상황과 매우 유사하다는 것을 알 수 있다. 당시에도 바다에 갑작스런 담수의 유입이 있었다. 해양학자들의 보고에 의하면 이미 엄청난 부피의 바닷물의 염도가 낮아졌고 북극해에서는 해마다 평균 7만km³의 해빙이 사라지고 있다. 북극이 녹고 있는 것이다. 1970년대에 북극의 얼음 두께가 평균 3m 정도였는데 1997년에는 1.5-2m에 지나지 않아 지난 20년 동안 전체 얼음의 절반이 녹아 없어졌다는 것을 알 수 있다.

전문가들은 앞으로 몇 년 이내에 북극해의 상당지역에서 적어도 여름 동안에는 얼음이 녹아내리게 돼 앞으로 25년 이내에 70%의 얼음

북극해의 상당지역이 녹아내리고 있다. 전문가들은 향후 25년 여름 동안 녹아내릴 얼음 양이 북극 얼음의 70%에 달할 것이라고 예측하고 있다.

이 녹아버릴 것으로 예측하고 있다.

1999년 3월 세계적인 과학 잡지 『사이언스』는 그린란드의 빙하가 줄어들고 있다는 학술기사를 실었는데 지난 5년 동안 해마다 20cm 이상씩 얇아지고 있는 것이 밝혀졌고 해안 근처에서는 이보다 훨씬 심각해 1m 이상씩 얇아지고 있다고 한다. 최근엔 그린란드 빙하의 녹은 정도가 심각함을 보여주는 사진이 언론에 공개되어 빙하가 예상보다 빨리 녹아내려 갑작스레 바다로 돌진할 수도 있음을 예고하고 있다.

이런 상황은 남극에서도 일어나고 있다. 1998년에는 남미대륙과 인접한 남극대륙의 서쪽에 위치한 라센 빙붕에서 거대한 빙하가 떨어져 나오기 시작했는데 10년 안에 라센 빙붕이 모두 붕괴될 것으로 예상된다. 만약 더 두꺼운 빙붕인 로스 빙붕이나 필크너론 빙붕이 붕괴되면 엄청난 담수를 남극 주변해역으로 쏟아 부어 세계 도처의 연안에서 침수 현상이 발생할 것이다.

이렇게 지구상에서 적도의 열을 곳곳에 골고루 분배해주는 해양대류의 순환은 세계도처의 일기를 좌우한다. 만약 해양순환에 이상이 생기면 기후도 변한다. 해양순환의 변화는 갑자기 나타날 수 있어 이에 따른 기후도 급변하게 된다.

「펜타곤 리포트」에 따르면 기후변화로 북대서양 난류가 멈추어 이러한 상황이 올 경우 영국이나 스칸디나비아 반도는 온도가 3.3도까지 떨어져 춥고 건조한 시베리아성 기후로 변하리라 예상되고 유럽의 해안지역은 해수면 상승으로 네덜란드의 헤이그 등 해안도시의 절반이 물에 잠기게 된다고 한다. 북부유럽이 추워지면 많은 사람들은 남부유럽으로 몰려들 것이다. 이러한 현상은 유럽뿐만 아니라 세계 전 지역에서 일어난다. 아프리카와 아시아 등지에서 가뭄과 홍수로 식량생산이 크게 줄어들면 사람들은 좀 더 자원이 풍부한 미국, 오스트레일리아, 남부유럽 같은 곳으로 이동해 대규모 혼란을 피할 수 없을 것이다.

그린란드의 빙하가 줄어들고 있다. 1999년을 기점으로 5년간 해마다 20cm 이상씩 얇아졌고 해안 근처는 이보다 훨씬 심각해 1m 이상씩 얇아지고 있다고 한다. 그린란드 빙하의 녹은 정도가 심각함을 보여주는 사진이 공개되면서 우려의 목소리가 높아졌다.

2

하나뿐인 <u>지구</u>의 과거와 현재

하나뿐인 지구

아직까지 우주에서 유일하게 생명체가 살고 있는 곳으로 알려진 지구의 기후 시스템은 대기권, 수권, 설빙권, 생물권, 지권 등으로 구성되어 있다. 이들 각 권역의 내부 안에서 또는 권역들 사이에서는 각종 물리적·화학적 과정들이 복잡하게 얽혀 현재의 기상과 기후를 유지하고 있다.

오늘날 지구에 존재하는 생태계는 수십억 년이라는 세월을 통하여 지구 환경의 변화에 따라 진화와 분화의 수많은 단계를 거쳐 지속적으로 변화돼왔다. 이러한 과거를 고려해보면 사실은 우리가 직면하고 있는 현재의 기상이변은 전혀 새로운 현상이 아니다. 다만 자연적 변화가 아니라 인간 활동에 의해 인위적으로 생긴 현상으로 지구 시스템이 겪고 있는 변화의 속도가 너무 빠르다는 사실이 문제일 뿐이다. 기후 시스템에서 어떤 한 권역의 급격한 변화는 전체 기후 시스템에 매우 큰 영향을 미치며 종종 지구 환경을 돌이킬 수 없는 상황으로 몰아가 생태계의 번영과 소멸의 직·간접적인 원인이 되기도 한다.

기후가 너무 빨리 변하고 있다

현재 지구 환경의 변화 속도는 인간이 나타난 이후에 지구 역사상 그 어느 때보다도 빠르게 진행돼가고 있다. 그 원인은 폭발적인 인구의 증가와 이에 따른 총체적인 생태계의 파괴, 대량 생산과 소비 및 대량 폐기를 통한 인간중심의 경제활동과 이에 필연적으로 따르는 자원에 대한 끊임없는 소비 증폭과 관련되어 있다.

인구가 급속도로 증가하고 경제가 발전함에 따라 수반되는 자원의 지나친 소비 증가는 화석연료의 과용과 유해 화학물질의 남용을 초래했다. 이로 인해 이상기후, 지구온난화, 산성비, 오존층 파괴, 사막화, 토양과 해양의 오염 그리고 환경호르몬으로 인한 동물의 대량멸종 등 수많은 지구 환경 문제가 유발되어 지표 생태계를 교란시키고 있다.

산성비와 기후변화로 황폐해지는 산.
기후 시스템의 변화는 종종 지구 환경을 돌이킬 수 없는 상황으로 몰고가
생태계의 번영과 소멸에 직·간접적인 원인이 되기도 한다.

지구의 탄생

현재 우주에는 대략 1,000억 개 내외의 은하계가 있는 것으로 추정되고 각 은하계는 다시 1,000억 개 내외의 별들로 이루어져 있다. 태양계는 은하계의 일부로 태양이 중심에 있고 지구는 다른 8개의 행성과 함께 태양 주위를 돌고 있다. 지구는 태양으로부터 적당한 거리에 위치해 있고 크기와 질량도 적당해 생명체가 자랄 수 있는 온도와 대기가 유지되고 물이 풍부하다. 이로 인해 광합성을 이용한 생물들이 존재할 수 있어 아직까지 밝혀진 바에 의하면 지구는 우주에서 유일한 생명체의 서식처이다.

64억 명의 인구가 살아 숨쉬는 지구. 태양계의 3번째 행성으로 약 47억 년의 역사를 가지고 있다. 인간 문명이 지구의 존속에 어떤 영향을 줄까? 인류는 밝지만은 않은 전망 속에 살고 있다.

지구 탄생의 역사

성운설에 따르면 태양계의 모든 별들이 50억 년 전에 수소와 헬륨으로 구성된 엄청난 가스구름에서 응축되어 서서히 생성되었다고 한다. 47억 년 전쯤에 탄생한 지구는 수소와 헬륨으로 구성된 가스구름인 원시대기로 덮여 있었다. 수소의 핵융합에 의해 질량2의 중수소가 생성되었고 수소, 중수소 및 질량4의 헬륨에 의해 탄소, 질소, 산소 등 다른 100여 가지의 물질들이 만들어졌다.

원시지구의 표면은 산화규소나 현무암질 마그마로 덮여 있었고 내부중심에는 무거운 원소인 철, 니켈들이 가라앉아 있었다. 지구 탄생 후 수억 년이 지나 가스가 방출되며 수증기, 이산화탄소 및 소량의 이산화황, 염화수소 및 질소로 이루어진 2차 대기가 형성되었다. 지구 표면이 점차 식으면서 대기 중의 수증기가 구름을 형성해 큰 비가 내려 바다가 만들어졌는데 대기 중의 이산화황과 염화수소가 녹아 있는 원시바다는 산성을 띠게 되었다. 탄산가스는 산성엔 녹지 않아 대기의 주성분은 탄산가스와 질소로서 현재의 금성, 화성과 비슷한 조성을 나타냈다. 그러나 세월이 흐르면서 암석 중 칼슘, 마그네슘, 알루미늄, 철, 칼륨 등이 바닷물로 용출되면서 바닷물이 점차 중화되어 갔다.

바닷물이 중성이 되면서 비로소 대기 중의 98%를 차지하던 탄산가스가 바닷물에 녹기 시작했는데 녹아든 탄산가스는 칼슘과 반응해 탄산칼슘으로 침전하였다. 이런 과정이 오랫동안 진행되면서 35억 년 전에는 지금과 같은 질소 위주의 대기가 형성되었다. 38억 년 쯤 지구상에 처음 탄생한 생명체인 원시세균은 혐기성미생물로 산소를 필요

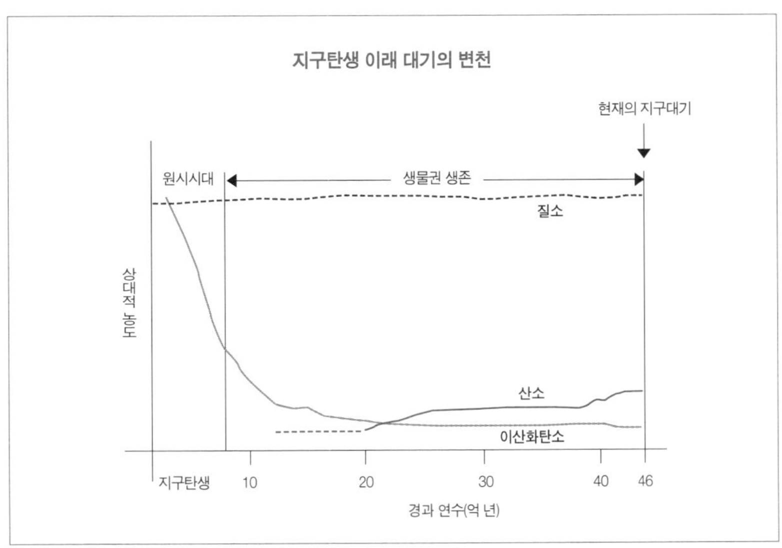

▶▶지구에 생물이 생존하기 시작한 것은 지금으로부터 38억 년 전으로 가늠할 수 있다. 장구한 시간 속에서 생물의 육상 생활이 가능하게 된 때는 산소가 급증한 5억 년 전부터이다. 금성이나 화성과 달리 대기 중 이산화탄소 농도가 낮은 것이 생명 탄생의 중요한 요인이라 할 수 있다.

로 하지 않았다. 그러나 남조류 등 원시식물이 탄생해 늘어나면서 점차 산소의 양도 늘어났다. 원시식물은 광합성을 이용해 탄산가스와 물로부터 포도당을 합성하며 햇빛 에너지를 이용했는데 그 결과 부산물인 산소를 방출하였고 이것이 대기에 쌓이면서 대기조성이 바뀌어 갔다. 선캄브리아기의 암석에서 나온 자료를 분석해보면 처음에는 산소가 대기 중으로 유리되지 않고 물속에 녹아 있던 철과 결합해 산화철을 형성해 적철광으로 침전되었다. 지구 나이가 40억 년이 지난 고생대 초기에는 산소를 필요로 하는 해양생물이 풍부했다.

5억 년 전쯤엔 산소가 급격히 증가하면서 오존을 포함하는 성층권이 형성돼 유해한 자외선이 차단되자 4억 3천만 년 전쯤부터는 생물이 바다에서 육지로 이동하기 시작했다. 3억 8천만 년 전에 데본기 중기까지 삼림이 나타나 양서류가 출현하고 곧이어 데본기 말기까지 척추동물이 상륙하였다. 식물이 늘어나면서 대기 중의 산소 농도는 크게 높아졌지만 생물의 호흡이나 부패에 의한 산소소비가 늘면서 대기의 조성이 평형을 이루게 되었다.

금성이나 화성 등 다른 행성의 대기에는 탄산가스가 95% 이상으로 대부분을 차지하는데 지구엔 겨우 0.04%일 뿐이다. 이것은 지구에 물이 많아 생명체가 탄생할 수 있었기 때문이다. 해수에 사는 조개나 산호초 등 많은 생물들이 대기의 탄산가스를 흡수해 탄산칼슘의 껍질을 형성하면서 공기 중의 탄산 농도가 차츰 줄어들었고 고체상태로 저장되었다. 대기 중의 탄산가스보다 바닷물에 녹아 있는 탄산가스가 60배나 된다. 실제로 99.9%의 대부분의 탄산은 석회암이나 기타 암석 및 토양 중에 저장되어 있다.

지구 에너지 순환의 역사

지구 에너지의 근원인 빛과 먹이사슬

빛이나 열, 바람, 폭풍 등 지구상에 존재하는 모든 에너지는 대부분 햇빛에 의한 복사(radiation) 에너지에 기인한다. 복사 에너지는 빛처럼 매개물질이 없어도 공간을 뚫고 먼 곳까지 전달된다. 태양의 빛 에너지는 지표면에 복사되어 열로 변하는데 직접 지구를 데우고 바다나 대기, 땅 등을 매개로 이동한다. 그리고 바람이나 열 등의 에너지 형태로 돌아다닌다. 한편 식물들은 엽록소에서 빛 에너지를 이용해 화학적인 에너지 저장체인 포도당을 합성한다. 이를 광합성이라 하며 녹색식물이 빛 에너지를 이용하여 이산화탄소와 물로부터 유기물을 합성하는 일련의 과정을 의미한다.

광합성은 매우 복잡한 과정을 거쳐서 일어나는데 최근에 이르러 그 대사경로가 상세히 밝혀졌다. 고등식물, 양치식물, 조류 등의 녹색식물이나 광합성세균이 빛 에너지를 이용하여 공기 중의 이산화탄소를 고정해 당류 등의 유기물을 합성하는데 이때 산소를 방출한다. 이렇게 식물(생산자)이 생산한 유기물은 동물(소비자)이 소비하며 신진대사를 통해 이 유기물을 산화시켜 자신의 생체유지에 필요한 영양분과 에너지를 공급하는 먹이사슬을 이룬다. 이때 탄수화물은 호흡을 통해 수소를 산소에 빼앗기고 탄산가스로 다시 공기 중으로 방출된다. 식물이나 동물이 죽으면 시체를 미생물(분해자)들이 분해시켜 역시 탄산가스와 물로 다시 공기 중으로 방출된다. 이렇게 생태계는 먹이사슬을 통해서 서식환경의 상호작용 하에 평형을 유지해왔다.

지질시대에서는 과거 수백만 년 전에 죽은 식물이나 해양 생물로부터 생성된 화석연료인 석탄, 석유 및 천연가스 등의 에너지를 함유한 형태로 이산화탄소가 저장되기도 하였다. 이와 같이 이산화탄소의 순환이 자연상태에서는 일정하게 방출과 흡수를 계속하면서 균형을 유지하고 있다.

탄소 에너지 순환의 역사

바이러스에서 인간에 이르기까지 모든 생명체를 이루는 원소는 구성 질량의 95%가 자연에 존재하는 92개 원소 중 단지 6개의 원소인 탄소, 수소, 산소, 질소, 인, 황으로 이루어졌다. 특히 생태계 모든 구성원의 공통적인 원소는 탄소이며 살아 있는 유기체는 주로 물과 다양한 탄소화합물로 구성되어 있다. 탄소는 모든 생물조직의 구성에 없어서는 안 될 물질로 생물조직의 절반가량을 차지하며 이산화탄소 형태로 존재한다. 또한 탄소는 수많은 무기질의 기본 조성원소로 유기질의 기본 구조를 이루며 순환하면서 생명을 유지시키고 안정시킨다. 모든 생명체들은 탄소를 기본으로 구성돼 있고 생물의 에너지 저장과 이동도 탄소를 통해 이뤄진다. 따라서 탄소 순환의 균형유지는 생명을 유지하는 데 매우 중요하다.

지구 대기에서의 주요 탄소원은 대기 중에는 탄산가스로, 해수 중에는 탄산이온으로 존재하지만 실상 지구의 탄소는 대부분 암석 속에 규산염으로 존재한다. 보통 석회암 속에는 칼슘과 회합되어 있는 탄산이온이나 혈암처럼 침전암 속에 분산되어 있는 유기탄소층이 있다. 탄산염은 무기성 탄소로서 지구의 외부영역에 있는 무기성 퇴적물 속에 있는 전체 탄소 중 약 75%를 포함하며 분산된 유기화합물 중에 있는 탄소 중 약 25%를 포함한다. 이 밖에 부식토, 화석연료, 해양생물상 용해된 화합물 등 다른 저장소 속에 존재하는 결합된 상태의 탄소 함량은 총량의 1% 이하에 불과하다.

해양에서는 플랑크톤의 광합성이나 다른 화학적 작용에 의해 이산화탄소를 대기로부터 제거하거나 용해시킨다. 한편, 해양 생물들의 부패나 해수의 증발에 의해 거의 같은 양의 이산화탄소를 대기 중으로 방출시킨다. 큰 탄소 순환인 '탄산-규산염 순환'은 한 번 순환에 50만 년이나 소요되는 지구 자체의 자동온도조절장치이다. 지표온도가 높아지면 더 많은 물이 증발해 더 많은 비가 내리게 되어 대기중 이산화탄소가 더 많이 제거되면서 지구는 냉각된다. 이에 따라 물의 증발이 적어지고 이산화탄소가 제거되는 비율이 떨어지면서 지구는 다시 따뜻해진다.

인간의 개입으로 깨진 에너지 순환의 고리

그러나 현대 산업문명이 발달하면서 인간들은 이산화탄소의 순환에 인위적으로 개입하기 시작하였다. 산업혁명 이후 탄소의 저장 및 순환의 균형이 깨져 이제 그 피해가 나타나고 있는 것이다. 1700년대 거대한 산업화의 영향으로 화석연료의 대량연소가 시작되었다. 각종 에너지를 얻기 위하여 화석 연료를 소비했으며, 늘어나는 인구에 따른 식량과 주거를 위해 삼림을 훼손하였다. 이것은 산림의 파괴와 더불어 매년 대기 중의 이산화탄소량을 73-91억 톤 정도 증가시켰다.

목재를 얻기 위해, 농경지와 목축지를 늘리기 위해 없어지는 삼림

1700년대 거대한 산업화를 시작으로 인간들은 이산화탄소의 순환에 인위적으로 개입하기 시작하였다. 산업혁명 이후 탄소의 저장 및 순환의 균형이 깨져 이제 그 피해가 나타나고 있다.

목재를 얻기 위해, 농경지와 목축지를 늘리기 위해 없어지는 삼림이 매년 50만ac에 이르고 있다. 인간들에 의해 이루어지는 산업과 농업 활동으로 대기 중에 방출되는 이산화탄소 중 절반만이 해양이나 식물 및 토양에 의해 흡수된다.

이 매년 50만ac에 이르고 있다. 이와 같이 인간들에 의해 이루어지는 산업과 농업 활동으로 대기 중에 방출되는 이산화탄소의 양은 연간 약 80억 톤에 이르며, 그 중 반 정도만이 해양이나 식물 및 토양에 의해 흡수되고 나머지는 대기에 그대로 축적되게 된다. 농도가 370ppm일 경우를 기준으로 계산할 때 대기중 이산화탄소의 총량은 7,500억 톤에 이를 것으로 추정되며 매년 35억 톤씩 증가하고 있다.

이로써 지구가 유지하고 있는 에너지 순환의 균형이 깨져 지구온난화가 나타났으며 특히 열 에너지가 늘어나면서 가속화되었다. 산업화와 함께 석탄이나 석유 등의 화석연료를 지나치게 많이 사용하면서 급증한 대표적인 온실가스인 탄산가스가 대기 중에 축적되어 열 에너지가 지구 밖으로 나가는 것을 차단해 온실처럼 기온이 상승하는 온실효과가 나타난 것이다. 탄산가스 축적에 메탄, 아산화질소, 프레온가스 등 많은 요인들이 복합적으로 작용해 나타난 결과이다.

지구의 에너지 평형이 깨지고 있다

지구 대기의 구성

지구의 대기에는 78%에 이르는 질소와 21%의 산소 그리고 0.03%의 식물성장에 필요한 탄산가스 외에도 아르곤, 네온, 헬륨, 메탄, 크립톤, 수소, 아산화질소, 제논 등의 미량기체가 포함되어 있다. 수증기와 오존, 아황산가스, 산화질소들은 주변 상태에 따라 양이 크게 변동한다.

지구의 대기는 지표면에서 위로 가며 대류권, 성층권, 중간권, 열권 등의 네 권역으로 구성되며 성층권에는 오존층이 있어 자외선을 차단해준다. 우리가 살고 있는 고도 10km까지는 대류권으로, 올라갈수록 1km당 기온이 6.5도씩 떨어진다. 구름과 수증기는 대류권 내에 대

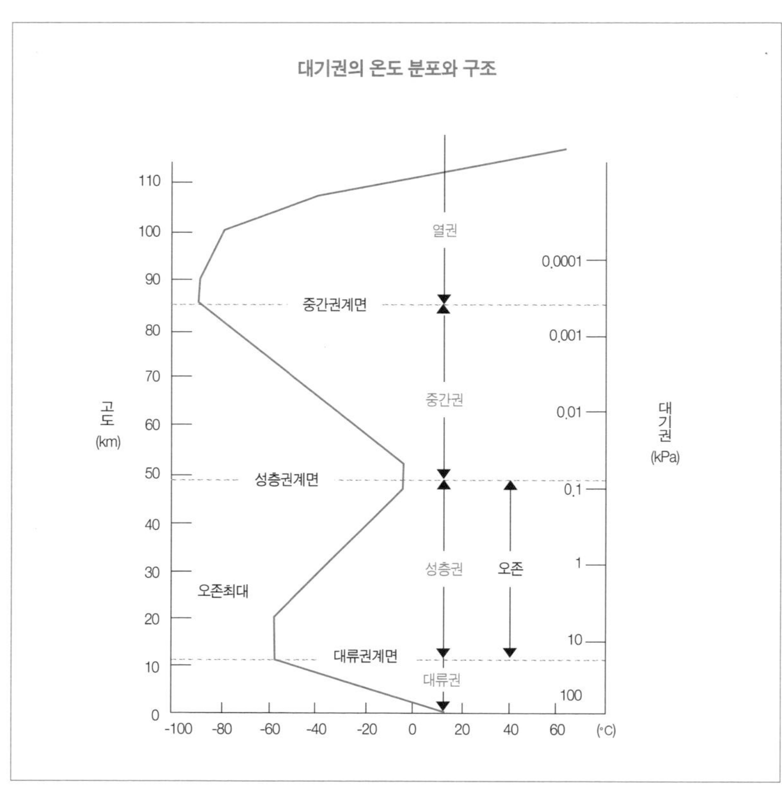

▶▶지구의 온도는 우리가 살고 있는 고도 10km까지는 위로 올라갈수록 1km당 기온이 6.5도씩 떨어진다. 이후 고도 20km까지는 온도가 일정하지만 더 높아지면 오존층 밀집지역이 나타나면서 오존의 생성과 소멸의 광화학 반응으로 생긴 열 때문에 온도가 높아진다.

부분 존재하며 지표로부터의 적외선 복사에 의해 열을 공급받는다. 성층권은 고도 10-50km 권역으로 고도 20km까지는 온도가 일정하지만 더 높아지면 오존층 밀집지역이 나타나면서 오존의 생성과 소멸의 광화학 반응으로 생긴 열 때문에 온도가 높아진다.

빛의 구성과 지구의 빛 흡수

지구에 존재하는 모든 형태의 에너지는 대부분 태양빛의 복사로부터 나오며 복사된 에너지가 다른 물체에 흡수되면 그 물체의 분자운동 에너지, 즉 열로 바뀐다. 복사 에너지의 일부는 반사되거나 투과되고 그 나머지는 흡수된다. 전체 태양 에너지는 자외선이 7%, 가시광선이 43%, 적외선이 49%, 기타 1%로 구성된다. 자외선은 파장이 10-380nm(나노미터: 10억분의 1m)로 파장이 짧아 물질에 흡수되거나 산란되기 쉬워 대부분 대기를 투과하지 못한다. 그러나 광화학작용이 커서 생체조직에 흡수되면 산화를 일으켜 매우 해롭다.

가시광선은 380-770nm 파장범위의 눈에 보이는 빛으로 검은색의 물체는 가시광선을 모두 흡수하고 흰색은 모두 반사한다. 적외선은 가시광선과 마이크로파 사이의 770nm에서 1mm 사이의 넓은 파장을 갖는 전자파로 물체에 흡수되면서 열을 만들므로 열선이라고도 부른다. 태양복사 중 파장이 짧아 에너지가 높은 자외선은 주로 성층권의 오존층에서 흡수되고 지표면에 도달하는 자외선은 대부분 310nm 이상의 파장을 갖는다.

지구온도 유지의 비밀

대류권의 복사 에너지는 주로 수증기, 이산화탄소, 메탄, 먼지 등의 미립자 등에 의해 흡수된다. 특히 수증기는 많아야 3% 정도를 차지하지만 흡수력이 매우 크므로 지구의 에너지 평형에 큰 역할을 한다. 그러나 가시광선은 거의 대부분 대기를 통과해 지표면에 이른다. 태양빛은 공기분자나 먼지 등의 미립자들에 부딪혀 방향이 바뀌면서 사방

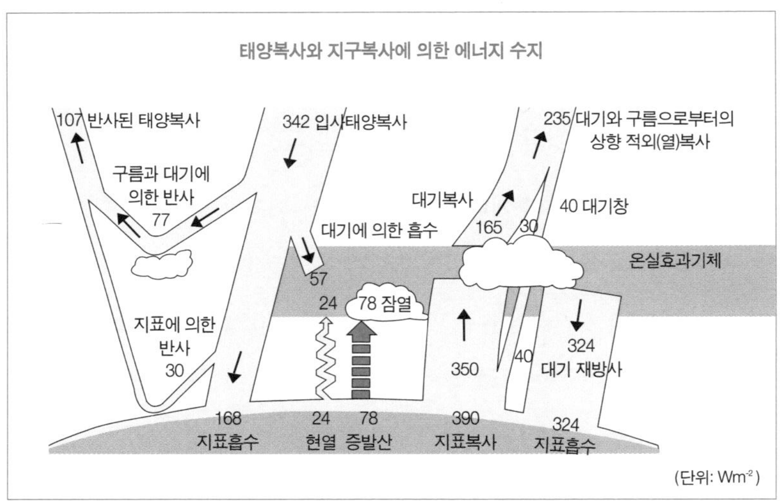

▶▶지구가 태양으로부터 복사 에너지를 계속 받고 있지만 지표온도가 어느 정도 일정하게 유지되는 것은 흡수량만큼 우주공간으로 에너지를 방출해 평형을 이루기 때문이다. 지구 표면에서 일어나는 에너지의 흡수와 방출 시스템을 살펴보면 지구 에너지의 평형 원리를 이해할 수 있다.

으로 흩어지기도 하는데, 이것을 산란(scattering)이라고 한다. 하늘이 푸른 것은 산란된 빛 중에 파장이 짧은 푸른색 빛이 많이 포함되어 있기 때문이고 노을이 빨간 것은 아침과 저녁에 푸른색 영역의 파장이 대부분 산란되기 때문이다.

태양빛이 구름이나 지표면의 빙하나 눈 등에 의해 지구 바깥으로 반사되는 것을 알베도(albedo)라고 하며 지표면에 입사되는 총량에 대한 방출비로 나타낸다. 알베도 값은 눈과 물은 0.5-0.8, 토양은 0.1-0.3, 구름은 양에 따라 0.2-0.8을 나타낸다. 알베도는 지구의 에너지 평형에 매우 큰 영향을 미치므로 최근에는 인공위성을 이용해 측정해 대략 0.3의 값을 보여준다.

지구가 태양으로부터 복사 에너지를 계속 받고 있지만 지표온도가 어느 정도 일정하게 유지되는 것은 복사 에너지의 흡수량만큼 우주공간으로 방출해 평형을 이루기 때문이다. 지구에서 방출되는 복사전자파는 태양복사의 경우보다 파장이 길므로 장파복사라고 부른다. 태양복사스펙트럼은 파장이 0.2-0.5μm(마이크로미터: 100만분의 1m) 부근에 위치하지만 지구복사는 3-100μm로 매우 긴 파장영역이다. 지구 표면에서 일어나는 에너지의 흡수와 방출을 살펴보면 태양복사와 지구복사에 의한 지구의 에너지 수지가 평형을 이루는 것을 볼 수 있다.

따뜻해지는 지구의 위기

그러나 현재 지구는 서구에서 시작된 산업화로 탄산가스가 대기 중에 축적돼 온실기체의 농도가 점점 짙어지면서 지구에서 우주로 방출되는 에너지인 지구복사량이 점점 줄어들고 있다. 이로 인해 에너지 수지의 평형이 깨지고 지구온도는 점점 높아지고 있는 것이다. 만일 인류가 에너지 수지의 평형을 다시 회복시키지 못해 지구가 갖고 있는 에너지가 지속적으로 커지면 폭풍이나 해일 등 기후변화가 극심해져 많은 지역이 사막화될 것이다.

지금까지 온난한 간빙기가 7,000여 년 동안이나 지속돼 생태계가 번성하고 농사짓기에 알맞아 인류문명이 발달되어왔다. 이러한 온난한 환경이 막을 내리고 심한 폭풍우와 한파, 홍수 등으로 인류와 생태계가 큰 고통을 받다가 북대서양 난류가 멈추면서 만일 갑자기 빙하기가 도래한다면 인류문명 자체가 절멸의 위기에 처할 수 있다.

지구를 살리고 지구를 죽이는 온실효과

푸리에의 '온실효과'

온실효과란 용어는 19세기 프랑스 과학자인 푸리에(Jose Fourier, 1768~1830)가 만들어냈으며 온실기체들이 온실처럼 열을 가두어 두기 때문에 붙인 이름이다.

태양으로부터 지표면에 흡수된 복사 에너지는 에너지가 적은 적외선을 방출하는 장파복사를 한다. 이 적외선 열 에너지의 일부는 우주로 방출되고 나머지는 대기 중의 수증기, 이산화탄소 등 온실기체에 흡수되어 대기의 온도를 높여준다. 그리고 그 기체의 온도에 상응하는 장파복사를 다시 방출한다. 이 때문에 지표부근의 대기가 더 따뜻해지게 되는데 이 현상을 '온실효과' 라 부른다.

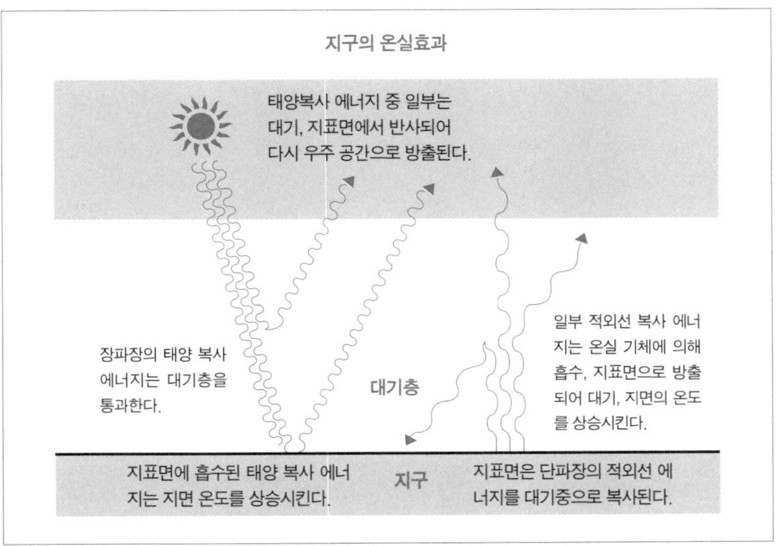

▶▶대기 중의 수증기와 이산화탄소 등이 지구표면의 온도를 높게 유지하는 온실효과를 일으킨다. 지구는 이 온실효과로 인해 15도의 따뜻한 온도를 유지해 식생이 발달해왔다.

사실 온실효과의 2/3는 수증기가 만드는 것이다. 수증기는 기온이 높을수록 대기 중의 함량이 높아지고 기온이 낮을수록 낮아져 본질적으로 기후변화를 증폭시키는 역할을 한다. 그러나 대기 중의 수증기 농도는 지역마다 크게 다르지만 일정한 기후조건에서 세계적인 평균은 크게 변하지 않는다.

온실효과를 부추기는 인간의 활동들

온실효과를 부추기는 인간의 활동은 크게 둘로 나뉜다. 즉, 석유나 석탄 등의 화석연료를 많이 사용해 탄산가스를 과다하게 방출시키거나 냉장고의 냉매로 프레온가스 등을 사용해 대기 중에 방출될 직접적인 경우와 탄소동화작용으로 탄산가스를 소비하고 산소를 만들어내는 숲을 파괴하는 간접적인 경우가 있다. 오늘날 원시 열대우림은 사람들이 목재를 채취하고 목장을 개척하느라 원래 60억ha에서 16억ha로 줄어들었다. 매년 2,700만ha의 삼림이 훼손되고 있어 앞으로 50년 내에 대부분 사라질 것으로 예상되고 있다. 지구의 허파기능이 떨어져 그 피해는 다시 인간에게 되돌아올 것이다. 온실효과를 가져오는 기체들은 이산화탄소뿐만 아니라 메탄, 아산화질소, 프레온가스 종류인 염화불화탄소 등이 대표적이다.

지나친 온실효과로 나타난 지구온난화

지구는 온실효과로 인해 15도의 따뜻한 온도를 유지해 식생이 발달해왔다. 만일 대기가 없어 온실효과가 없었다면 지구는 낮에는 햇빛을 받아 수십도 이상 올라가지만, 태양이 없는 밤에는 모든 열이 방출되어 영하 100도 이하로 떨어지게 되며 지구 평균온도는 영하 18도가 되어 대부분의 생물들이 번식하기 어려웠을 것이다. 실제 대기에 의해

온실가스에 의한 지표온도변화

	상대지표 대기압	주요 온실가스	온실가스가 없을 때 온도	관측된 지표온도	온실가스에 의한 온난화 정도
금성	90	>90% CO_2	−46도	477도	523도
지구	1	~0.04% CO_2 ~1% H_2O	−18도	15도	33도
화성	0.007	>80% CO_2	−57도	−47도	10도

일어나는 온실효과는 지구를 항상 일정한 온도로 유지시켜주는 매우 중요한 현상이다. 따라서 현재 환경 문제와 관련하여 나쁜 영향으로 많이 거론되는 온실효과는 그 자체가 문제는 아닌 것이다.

온실효과는 지표면으로부터 약 20km의 대기층에서 이루어지는데 이 층은 지구 전체 규모로 볼 때는 아주 미미한 부분에 불과하다. 이 얇은 막이 지구와 우주 사이의 에너지 교환을 통제하는데, 보통 태양 빛 에너지 30%는 그대로 반사되고 20%가 이 층에서 흡수되며 나머지는 이 얇은 막을 통과하여 지구 표면에 도달한다. 이 막 속에는 질소나 산소 등이 대부분을 차지하고 있지만 그 외에도 많은 미량기체들이 들어 있다. 대기 중 기체분자들 중 두 원자로 구성된 질소나 산소는 적외선 흡수 능력이 없으나 셋 이상의 원자로 구성된 기체인 이산화탄소(CO_2), 메탄(CH_4), 오존(O_3), 아산화질소(N_2O), 수증기(H_2O) 등 미량의 온실기체들은 열선인 적외선을 붙잡는 능력이 있어 지구를 따뜻하게 만든다. 이들 일부 온실효과를 일으키는 미량기체들이 과다하게 대기 중에 방출됨으로써 지구온난화가 야기되는 것이다.

지구온난화를 가져오는 물질들

이산화탄소(CO_2)는 온실기체 중 으뜸으로 무색무취, 비가연성으로 화학적으로는 약간 불활성기체이고 적외복사를 강하게 흡수하는 특징이 있다. 대기 중 건조공기체적의 약 0.035%를 차지하고 수증기를 제외하면 질소, 산소, 아르곤에 이어 4번째로 양이 많은 기체이다. 이산화탄소는 석유나 석탄을 태울 경우 등 유기물질이 산화될 때 생기고 삼림 파괴, 토지이용의 변화, 생물체의 호흡작용으로 에너지를 얻기 위한 대사의 결과로 발생한다. 뿐만 아니라 시멘트의 생산과정이나 동식물의 사체 등 유기물이 썩어 분해되는 과정에서도 생긴다. 이것은 유기물이 대기 중의 이산화탄소가 탄소동화작용으로 생성되었다가 다시 대기 중으로 돌아가는 과정을 의미한다.

인간의 활동에 의해 생성되는 온실기체들

메탄가스(CH_4)는 대기 중의 양은 적지만 그 영향은 매우 강력하다. 이산화탄소보다 분자기준으로 23배, 단위질량기준으로는 70배나 지구온난화지수가 더 큰 기체로, 유기물질이 주로 혐기성 박테리아에 의해 분해될 때 발생한다. 대기 중 메탄의 총량은 50억 톤 수준으로 이산화탄소에는 크게 못 미치지만 빙하연구를 통해 나타난 결과를 보면 메탄

인간의 활동에 의해 생성되는 온실기체들

	이산화탄소	메탄	아산화질소	CFC-11	HFC-23	CF4	SF6
산업화 이전	280ppm	700ppb	270ppb	0	0	40ppt	0
1998년 농도	366ppm	314ppb	314ppb	268ppt	14ppt	80ppt	4.2ppt
증가 추세	1.5ppm/yr	0.8ppb/yr	0.8ppb/yr	−1.4ppt/yr	0.55ppt/yr	1ppt/yr	0.24ppt/yr
대기권수명(년)	5~200	8.4	114	45	260	50,000	3,200
지구온난화지수 100-yr(GWP)	1.0	23	296	4,600	13,000	5,700	22,200
연간 방출량 (90년대 후반)	7.9GtC	600Mt	16.4MtN	—	7kt	15kt	6kt

(IPCC, 2001)

농도가 이산화탄소 농도처럼 기온의 변화에 따른다. 메탄은 축적되지 않고 9년 정도 지나면 땅에 다시 흡수되어 박테리아의 영양분이 되거나 대기 중에서 산소와 결합한다. 연구결과 약 2만 년 전 빙하기의 정점으로부터 충적세의 따뜻한 시기 사이에 0.35ppm에서 두 배인 0.7ppm으로 늘어났다. 그런데 산업화 이후 다시 배가 늘어 이제는 2ppm에 육박하고 있다. 메탄이 지금처럼 매년 1%씩 증가한다면 100년 뒤엔 이산화탄소를 제치고 온실가스의 왕좌를 탈환할 것이다.

메탄가스 발생의 주요 원인은 농업이다. 1940년 이래 논에서 나오는 메탄생성량은 두 배로 늘어났으며 매년 1억 톤에서 3억 톤 사이의 메탄이 만들어진다.

축산업도 메탄축적에 큰 역할을 하며 전 세계적으로 가축에 의한 메탄의 방출은 약 8,000만 톤에 이른다. 이 중 70%는 소들로부터, 나머지는 양들로부터 나오며 대부분 다국적 패스트푸드회사들이 열대 원시림을 목장으로 전환시켜 가축의 숫자를 늘려온 결과이다. 반추동물의 위 속에 있는 박테리아는 먹은 사료를 소화시킬 때 유기물이 분해 되는 과정에서 메탄을 생성시키며 농장에서 생성되는 메탄가스의 93%는 바로 소의 트림에서 나오고 있다. 수소 한 마리는 연 평균 50kg의 메탄을 쏟아내며 1억 6천만 두에 달하는 브라질의 소떼는 연간 800만 톤의 가스를 분출하는 것으로 추정된다. 현대적 대량축산방식은 소에게 점점 고단백사료를 먹이며, 이런 소는 풀을 먹인 소보다 훨씬 많은 양의 메탄가스를 방출한다.

한편 콩고의 한 흰개미 연구결과에 의하면 지구상의 흰개미가 토

산불로 매년 2,000만-7,000만 톤의 메탄이 생성된다. 메탄은 대기 중 양은 적지만 지구온난화에 있어 그 영향은 매우 강력하다. 빙하연구를 통해 확인한 결과 메탄 농도가 기온의 변화에 영향을 받는 것을 알 수 있다.

해내는 메탄은 연간 3,000만 톤까지 이를 것으로 예상된다고 하며 흰개미는 썩은 나무등걸 등 수명이 다한 지구상의 세루로스를 분해시키는 역할을 한다. 쓰레기매립장에서도 3,000만-7,000만 톤이, 탄광에서도 1,000만-5,000만 톤이 발생되며 천연가스의 채굴과정에서도 매년 2,500만-5,000만 톤의 가스가 대기 중으로 날아간다.

산불로 매년 2,000만-7,000만 톤의 메탄이 생성되며 논이나 습지에서도 메탄이 방출된다. 한편 해저층 깊숙이 존재하는 메탄수화물의 경우에는 장차 미래의 에너지원으로 기대되고 있는 물질이기도 하다. 메탄수화물이란 메탄이나 에탄 등 저분자 가스가 물분자와 결합해 얼음상태로 형성된 고체물로 탄산가스가 적게 나오는 청정 에너지다. 메탄수화물 1m³에 메탄가스가 164l 농축돼 있다.

한편, 지구 역사상 가장 많은 생물이 멸종된 고생대 페름기(2억 6,600만~2억 4,500만 년 전) 대멸종이 바다 속 메탄 폭발 때문이라는 주장도 있다. 페름기말기에 해저 생물의 95%, 지상 생물의 70% 이상이 멸종됐으며 이는 6,500만 년 전의 공룡 대멸종 때보다 세 배나 더 큰 규모이다. 운석의 충돌이나 지각변동, 미생물의 분해 등이 바다 속 메탄폭발의 불씨가 되었을 것으로 추정했다. 현재 해저에는 전 세계 핵폭탄을 합쳐놓은 것보다 1만 배나 강력한 폭발력을 가진 메탄이 고체상태로 가라앉아 있다. 이 메탄은 저온과 수압에 의해 지금은 안전한 상태이지만 운석 충돌이나 해저 지진 등 지각변동이 일어나면 언제 지구를 위협하는 흉기로 변할지 모른다는 것이 과학자들의 우려다. 폭발 때 발생하는 열에 피해를 입거나, 폭발로 생긴 이산화탄소가 대기와 환경을 크게 바꿔 그 기후에 적응하지 못는 생물들은 살아남지 못할 것이라는 예측이다.

아산화질소는 탄산가스에 비해 310배의 강력한 온실효과를 가진 기체로 석유나 석탄을 태울 때나 질소비료를 사용할 경우에 생성된다. 아산화질소는 토지가 경지로 전환될 때 흙 속에 있는 탈질소화 박테리아의 활동으로 발생되며 열대우림이 방목장으로 전환될 때는 아산화질소의 방출이 3배나 늘어 80%가 산업형농장에서 방출된다. 아산화질소 발생의 또 다른 주범은 화학비료이다. 매년 7,000만 톤 정도의 질소가 농작물에 이용되고 있으며 총 아산화질소 배출량의 10%를 방출한다. 매년 총 2,200만 톤의 아산화질소가 대기 중으로 방출되고 있으며 다행히도 아산화질소의 대기 중 농도는 0.3ppm 정도로 이산화탄소의

365ppm에 비해 1/1,000에도 못 미친다.

염화불화탄소(chlorofluorocarbons, CFCs)는 화학적으로 합성된 온실기체로서 프레온가스로 불린다. 프레온가스는 처음 합성되었을 때 화학적으로 매우 안정된 기체의 성질 때문에 꿈의 화합물이라 불리었으며 듀퐁사에 의해 대량생산돼 에어컨, 냉장고 등의 냉매로 사용되었다. 요즘에도 스프레이용 분사체, 스티로폼발포제, 전자부품 등의 세정제로 광범위하게 이용되고 있다. 그러나 이 기체는 이산화탄소의 2만 배에 이르는 엄청난 적외선 흡수능력 때문에 매우 위험한 온실기체이다. 더구나 오존층을 파괴해 자외선 투과율을 높여 지구상의 생명체에 피부암을 일으키는 등 매우 치명적인 영향을 주므로 현재는 몬트리올 의정서에 의해 이용을 줄여나가고 있다.

이상의 물질들 외에도 온실효과를 유발시키는 물질들로는 사염화탄소, 할론가스, 프레온가스 대체물인 수화불화탄소, 수화염화불화탄소, 과불화탄소, 육불화황 등이 있다. 대표적인 온실기체들의 지구온난화에 대한 기여도는 이산화탄소 60%, 메탄가스 20%, 프레온가스 14%, 아산화질소 6% 정도이다.

지구온난화에 영향을 미칠 수 있는 또 하나의 요인인 에어로졸(aerosol)은 공기 중에 액체 또는 고체의 미립자가 분산되어있는 것을 가리키는 용어이다. 일반적인 예는 구름 속에 포함되어 있는 물방울, 먼지 입자, 꽃가루 등이다.

오늘날 대기권은 다른 기체들과 함께 다양한 에어로졸의 혼합물로 구성돼 있다. 에어로졸의 대기 중 농도는 그리 높지 않지만 지구기후

인간이 석탄이나 석유를 연소시키는 과정에서 생성된
이산화황과 산화질소가 대기 중에 배출되면 산성비로 다시 육지에 뿌려지게 된다.
대기 중에 산성물질이 쌓여 결국 생태계를 파괴하고 숲을 죽이는 결과를 낳는다.

시스템에서의 역할은 적지 않다. 일부 에어로졸은 구름이나 강우 형성 과정에서 응결핵으로 작용해 비나 눈을 내리게 하고, 어떤 것은 햇빛을 산란시킴으로써 기온을 떨어뜨리기도 한다. 대부분의 에어로졸은 지표에서 방출되는데 토양의 풍화나, 화산의 분화, 공단이나 도시의 오염물질 배출에 의해 대기 중으로 방출되며, 자유낙하에 의해 비나 눈과 함께 지표로 다시 내려온다. 특히 인간 활동에 의하여 대기 중으로 방출되는 에어로졸은 햇빛을 막아 지표를 냉각시켜 기후 시스템에 새로운 변화 요인이 되고 있다.

탁한 도시의 공기 때문에 하늘의 색깔이 회색으로 보이는 것도 에어로졸이 태양빛을 흡수하거나 산란시켜 지표면에 도달하는 것을 방해하기 때문이다. 에어로졸은 화산분출 등 자연적인 과정에 의해서 생기지만 화석연료나 생물체의 연소에 의해 인위적으로도 생긴다. 화산 폭발로 생긴 에어로졸은 성층권에까지 도달할 수 있고 몇 년까지 지구를 돌면서 햇빛을 차단해 지표면의 기온을 떨어뜨리고 물의 순환을 억제해 가뭄이 들게 하는 등 기후에 지대한 영향을 미친다

6,500만 년 전 중생대의 백악기에서 신생대인 제3기로 넘어가는 시대 사이에 공룡의 멸종이 일어났다. 1980년대 들어서 미국의 버클리 대학의 알바레스 부자는 이 사건은 소행성의 충돌로 발생된 거대한 에어로졸로 인해 수년 동안 태양광이 차단되어 일어났다는 학설을 발표하였다. 이리듐은 지구상에서는 희귀원소이지만 운석에는 다량 포함되어 있는 물질인데 이 시기의 퇴적암층의 이리듐 함량이 30배가 넘는다는 사실이 발견되었다. 에어로졸로 인해 식물은 광합성이 어려워 생

육이 나빠졌고 대형동물들이 먹이를 구하지 못하자 사멸된 것이다. 최근 발표된 학설에 따르면 기온이 낮아지면서 수컷들의 숫자가 감소해 성비가 무너진 것도 대량멸종의 직접적인 원인이었던 것으로 제시되고 있다.

환경의 중심 문제가 된 지구온난화

산업화와 생태계 파괴

산업화는 지구 생태계에 다양한 악영향을 미치고 있으며, 지구온난화 문제도 그 중 하나로 현재 세계 모든 국가들의 관심을 모으고 있다. 현재 지구의 기후는 제4기 빙하시대의 최종빙기후의 비교적 온난한 간빙기에 놓여 있다. 이 간빙기 중에서도 가장 따뜻했던 시대는 현재보다 약 2-3도 높았다고 추정되는 약 6,000년 전에 나타난 최적기후시대이다.

그렇다면 오늘날의 지구온난화는 이미 인류가 경험한 적이 있는 2-3도의 온도상승인데 왜 이토록 세계의 환경 문제로까지 발전했을까. 이유는 자연적 요인보다는 인위적 요인, 즉 선진국을 중심으로 한 온실

선진국을 중심으로 한 온실기체 방출과 개발도상국을 중심으로 한 삼림 파괴가 온난화를 급속도로 진행시켰다. 마찬가지로 앞으로 더 가속화될 것으로 예상되고 있다.

기체 방출과 개발도상국을 중심으로 한 삼림 파괴가 온난화를 급속도로 진행시켰기 때문이다. 그리고 이것은 앞으로 더 가속화될 것으로 예상되고 있다.

이미 지구 역사상 최근 100년 사이에 지구 평균기온이 약 0.5도 상승했고 그 결과 해수면은 20~30cm나 상승했다. 만약 지구온난화 현상이 계속될 경우, 해수면은 점점 더 빨리 상승하게 되고, 기후대가 극지방으로 이동하는 등 이러한 결과로 나타날 기상재해는 현재 발달한 과학기술로도 예측하기 힘든 상태이다. 산업혁명 이후 배출된 이산화탄소의 양과 지구의 이산화탄소 농도를 보면 둘 사이의 관계가 거의 비례함을 알 수 있다.

현재 지구 곳곳에서 일어나는 이상기후는 과학기술의 발전과 산업화로 인하여 대기나 물, 자연이 오염되어 더 이상 존속하기 힘든 자연이 인류에게 던지는 경고와 같은 것이다.

지구온난화로 야기되는 환경재앙

지구온난화에 의한 기후변화는 다양한 메커니즘을 통해 우리의 생명과 건강에 악영향을 미칠 수 있다. 2003년 여름 유럽에서는 사상 최악의 더위로 2만여 명이 목숨을 잃었다. 기후변화로 인한 재난이 테러나 전쟁보다도 훨씬 더 심각할 수 있다는 경고가 현실로 나타난 것이다.

이상기후로 나타나는 변화와 영향

기후변화 가능성	영향과 예
더운 날의 증가와 열파의 영향	노인층과 도시빈민의 사망과 중병의 발생 빈도수 증가 가축과 야생동물에게 열스트레스 증가 농작물손실 위험도 증가 전기냉방 수요 증가, 에너지 공급신뢰도 감소
추운 날의 감소	인간의 추위관련 사망률 감소 농작물손실 위험 감소 질병감염매개체의 활동범위 확대 난방 에너지 수요 감소
중위도 내륙지역 여름건조 및 한발 증가	농작물 수확량 감소
열대저기압의 최대바람강도 증가, 최다강수량 증가	수자원의 양 감소와 질 악화 산불 위험도 증가 지반침하에 의한 건축물 피해 증가
엘니뇨와 관련된 가뭄과 홍수 심화	가뭄과 홍수가 잦은 지역에서 농산물과 축산물 생산 감소 수력발전의 감소
아시아지역 여름 몬순강수량 변동 증가	아시아의 열대와 온대지역에서 홍수 및 한발의 피해 증가
중위도 폭풍의 증가	인간 생명과 건강 위험도 증가 재산과 기간시설 손실 증가 해안 생태계 피해 증가

(IPCC, 2001)

기온이 상승하면 대기 중 오염 물질의 생성도 증가한다. 최근 대도시의 오존 농도가 증가하는 것은 자동차 등의 오염 발생원 증가가 주요 원인이지만 기온 상승도 영향을 주고 있다. 우리나라는 지난 100여 년간 연평균 기온 상승이 지구의 평균기온 상승치보다 세 배나 되는 1.5도이다. 특히 여름철 기온이 계속해서 증가 추세를 보이고 있기 때문에 유럽의 폭염과 같은 대형사고가 벌어질 가능성도 배재할 수 없다.

또한 지구온난화로 50년 뒤 지구상 동·식물 가운데 1/4 가량이 멸종하거나 멸종 위기에 처할 수 있다는 경고가 나왔다. 영국 리즈대학의 크리스 토머스 박사 등이 참여한 국제연구팀은 2004년 과학전문지 『네이처』에 발표한 글에서 "2100년이 되면 지구의 평균기온이 지금보다 1.4-5.8도 높아지며, 2050년까지 지구 생물종 15-37%가 이런 기후변화에 적응하지 못해 멸종위기에 내몰릴 수 있을 것으로 보인다."라고 밝혔다.

최근 지구온난화가 특히 세계적 관심사가 되고 있는 이유는 온실가스 증가에 의한 지구온난화가 수천~수만 년의 기간에 걸쳐서 진행되는 자연적인 느린 변화가 아니고 인위적이어서 주기적이 아니라는 점 그리고 그 진행속도가 너무 빨라 어떤 결과가 초래될지 우려된다는 점이다. 더욱이 불안감을 불러일으키는 것은 이미 지구온난화라는 환경 재앙이 돌이킬 수 없는 과정으로 접어든 것이 아닌가 하는 점이다. 앞으로 대기 중의 온실 가스함량은 불과 1세기 안에 현재의 두 배 이상될 것으로 추정될 정도로 가속화되고 있는 실정이다.

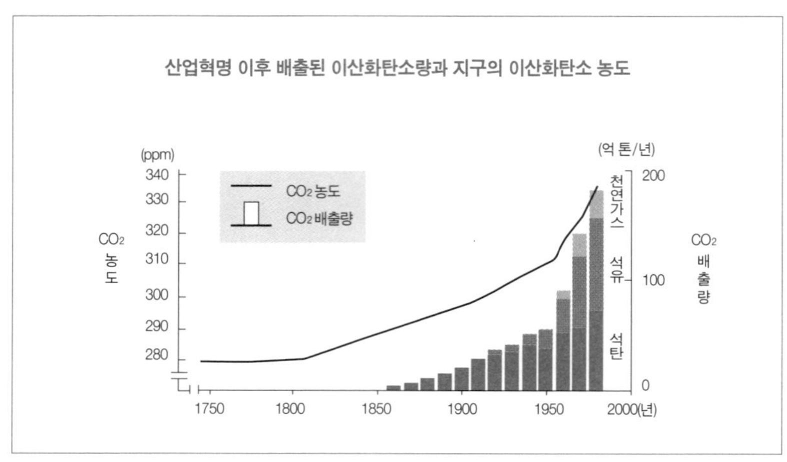

▶▶산업혁명 이후 배출된 이산화탄소량과 지구의 이산화탄소 농도를 보면 비례적으로 증가하고 있음을 알 수 있다. 대기에 배출된 이산화탄소는 토양이나 물에 흡수되지만 이미 흡수한계치를 넘어서 그대로 대기에 누적되고 있다.

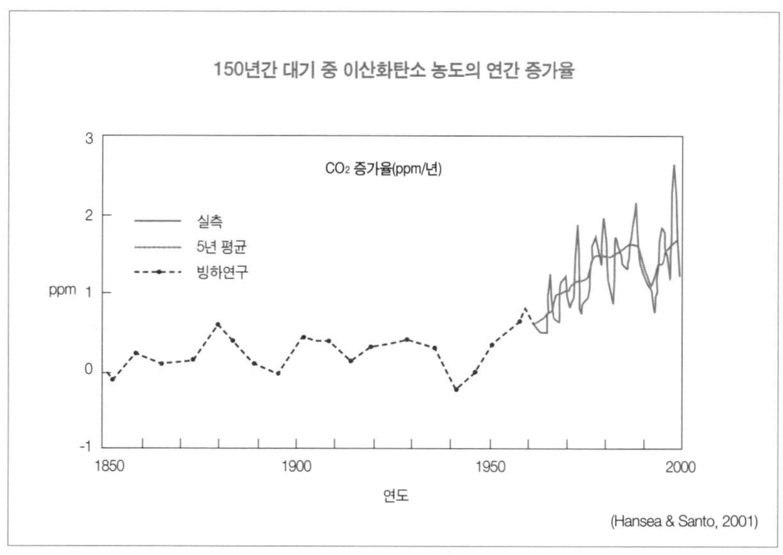

▶▶앞으로도 대기의 이산화탄소의 농도는 결코 줄 것 같지 않다. 전문가들은 이대로 이산화탄소의 농도가 증가하면 2050년경에는 지금 생물종의 15-37%가 멸종위기에 몰릴 것으로 보고 있다.

대기 중 이산화탄소의 농도는 42만 년 동안 180-280ppm의 범위를 벗어나지 않았다. 그러나 20세기에 들어오면서 300ppm을 초과하게 되었고 이제는 370ppm을 상회하고 있다.

1990년, IPCC(UN의 환경 프로그램에 의해 설립되어, 380명의 과학자와 68개국이 참여) 회의 결과 현재 진행되는 온난화 결과는 심각하고, 사회적으로 중대한 영향을 미칠 것이며, 온난화 속도도 다가올 미래에는 더욱 가속화될 것이라는 결론에 일치를 보았다.

최근의 IPCC의 평가에 따르면, 1990 ~2100년에 최소 2도 평균기온 상승이 있을 것으로 예상된다. 이것은 이산화탄소와 CFC의 방출 농도가 더 낮아지는 것과 황산 먼지의 냉각 효과를 고려한 것으로 그 전의 최대 예상치보다 낮다. 가장 높은 예상치는 3.5도이다. 이산화탄소가 열을 흡수하는 대표적인 기체로 지구온난화에 막대한 영향을 미친다면, 향후 대기 중에 방출되는 이산화탄소의 양은 대체 에너지 개발이나 삼림의 훼손을 방지하여 줄일 수 있을 것이다. 그러나 현재의 어떠한 기술도 대기 중에 한 번 방출된 이산화탄소를 제거할 수 없다는 데 문제의 심각성이 있다.

기후변화를 결정하는 요인들

기후란 장기간에 걸친 '기상의 평균 상태'를 표현하는 것이므로 보통 변화가 거의 없는 것같이 보인다. 그러나 그 평균 상태는 우리들의 일생에서 보면 극히 적은 변화를 나타내지만 지구가 탄생한 이후 지난 46억 년 이상 되는 긴 지구의 역사를 통해 보면 수없이 많은 기후변화가 있었고 이에 영향을 받아 생물체의 진화가 이루어졌음을 알 수 있다.

기후변화는 다양한 메커니즘을 통해 지구상 동식물들의 생명과 건강에 큰 영향을 미친다. 미국 예일대 고생물학 교수인 엘리자베스 브르바(Elisabeth Vrba)는 기후변화가 어떤 생물종의 갑작스러운 절멸과 새로운 종의 출현을 가져온다는 학설을 발표했다. 그는 인간의 출현도 백악기 이후 한냉기인 1,400만 년 전 남극빙하가 자리잡으면서 춥고 건조해져 갑자기 아프리카의 숲이 줄어든 사실과 관련이 있음을 주장하였다. 기후는 대기권과 이를 에워싸는 해양, 육지, 설빙, 생물권 사이에서 태양으로부터의 복사를 에너지원으로 해서 복잡한 상호작용을 갖는 시스템에 의해 변동하고 있다. 기후를 변동시키는 요인은 자연적 요인과 인위적 요인으로 구분할 수 있다.

자연적 요인으로는 대기, 해양, 육지, 설빙, 생물권 등 자신의 내적 요인 외에 화산분화에 의한 성층권의 에어로졸(부유 미립자) 증가, 태양활동의 변화, 태양과 지구의 천문학적 상대 위치 관계 등의 외적 요인이 있다. 인위적인 요인에는 화석연료의 과다사용에 따른 이산화탄소 등 대기조성의 변화, 인위적인 에어로졸에 의한 태양복사의 반사와 구름의 광학적 성질의 변화, 과잉 토지이용이나 장작과 숯 채취 등에 의한 토지피복의 변화 등이 있다.

화산이 폭발할 때는 그 규모가 대기의 성층권까지 미쳐 엄청난 양의 가스와 화산재가 분출된다. 분출가스의 성분은 대략 질소 1%, 수증기 80%, 이산화탄소 12%, 아황산가스 7% 그리고 기타 기체로 되어 있다. 화산폭발시 기후에 가장 큰 영향을 주는 가스는 아황산가스이다.

1815년의 인도네시아에서 발생한 탬보라 화산은 약 15km^{3}의 먼지를 대기 중에 분출시킴으로써 지상에 급속히 냉해를 일으켜 1816년 유럽 전역을 여름이 없는 해로 만들었다. 최근의 조사에 따르면 화산분화는 적어도 향후 2~3년간 기후 시스템을 교란시키는 것으로 알려져 있다. 화산변화가 얼마나 기후 시스템을 교란시키는가를 판단할 때는 단지 얼마나 많은 물질을 분출시켰는가에 한정되지 않고 얼마나 높이 분출하였는가, 대기의 대순환 속에서 어느 지점에서 분출되었는가, 또 어떤 성분의 가스와 먼지를 분출하였는가 등이 다같이 중요하게 고려된다.

20세기에 발생한 화산폭발 중 규모가 컸던 것은 1982년 4월에 멕시코의 엘치촌 화산과 1991년 6월의 필리핀의 피나투보 화산이다. 피나투보 화산은 성층권에 무려 2,000만 톤의 아황산가스를 분출한 것으로 추정되며 분출물질들이 15-25km 높이의 성층권에서 몇 개월에서 몇 년 동안이나 체류하면서 강한 바람에 의해 전 세계로 퍼지면서 기후에 결정적인 영향을 끼쳤다. 특히 아황산가스는 산소나 수증기와 결합하여 반사율이 아주 높은 미세한 황산염 에어로졸을 생성하며 점점 성장해 밀도가 큰 연무층을 형성한다. 이 연무는 수년간 성층권에 머물면서 입사광선의 일부를 우주공간으로 반사시켜 지표면의 온도를 떨어뜨린다. 피나투보 화산의 폭발로 인해 4개월에서 3년간에 걸쳐서 섭씨 0.2-0.6도가 떨어졌다.

기온과 강수량을 결정하는 요인들

기후는 온도와 강수량에 의해 결정되며 주로 대기 순환과 해양 순환에 따라 변한다. 대기 순환은 지구에 도달하는 태양 에너지의 변화와 지표에 대한 복사 정도에 따라 바뀐다. 또 다른 영향으로 육지의 분포와 사막이나 초원이나 등의 생태적 조건을 들 수 있는데 태양복사 에너지가 달라지기 때문이다. 지구의 축이 기울어져 있는 것도 기후에

화산이 폭발할 때는 대기의 성층권까지 엄청난 양의 가스와 화산재가 분출된다. 분출가스의 성분은 대략 질소 1%, 수증기 80%, 이산화탄소 12%, 아황산가스 7% 그리고 기타 기체로 되어 있다. 화산분화는 적어도 향후 2~3년간 기후 시스템을 교란시키는 것으로 알려져 있다.

물의 분포와 점유비율

위　　치	양($10^{15}m^3$)	점유비율(%)
바다	1,350	97.2
만년설과 빙하	29	2.09
지하수	8.4	0.60
담수호	0.125	0.009
염전과 내륙해	0.104	0.007
토양 수분	0.067	0.005
대기	0.013	0.001
생물체의 수분	0.003	0.0002
하천수	0.001	0.0001

영향을 주는데 이에 따라 북반구와 남반구의 계절은 서로 반대가 된다. 마찬가지로 지구의 자전도 영향을 주어 바람의 흐름이 정남과 정북으로 흐르지 않도록 만들어 북반구에서는 북동풍, 남반구에서는 남동풍의 바람이 분다.

일례로 적도 부근의 습하고 뜨거운 공기가 팽창되고 가벼워지면 높은 고도까지 상승한다. 이 때문에 빈자리를 메우기 위해 양쪽 반구에서 지표면을 따라 고위도에서 적도 쪽으로 공기가 이동된다. 따라서 적도지역은 번개를 동반한 폭우와 저기압이 특징이고 공기가 하강하는 고위도지역은 강수량이 적고 건조한 고기압이 특징이다.

우주에서 물이 있는 곳은 현재 지구뿐인 것으로 알려져 있다. 지구상의 물은 97.2%가 바다에 있고 만년설과 빙하로 2.09%, 지하수로 0.6%가 존재한다. 물은 바다와 육지 및 식생으로부터 증발된 후 하늘에서 구름으로 응결돼 비나 눈의 형태로 다시 지표로 되돌아오며 물 순환을 이룬다. 물은 증발열이 매우 크므로 지구상 에너지의 이동에 가장 큰 영향을 주고 생물체의 대사에 필수이므로 지구 식생의 변화를 주도한다고 볼 수 있다.

해양의 물은 대류에 의해 순환하며 이것을 대양수송벨트라 부른다. 대양수송벨트는 특히 유럽의 기후에 큰 영향을 미치며 북극 근처에서 빙산에 부딪혀 차가워져 밀도가 높아진, 염도가 높은 북대서양

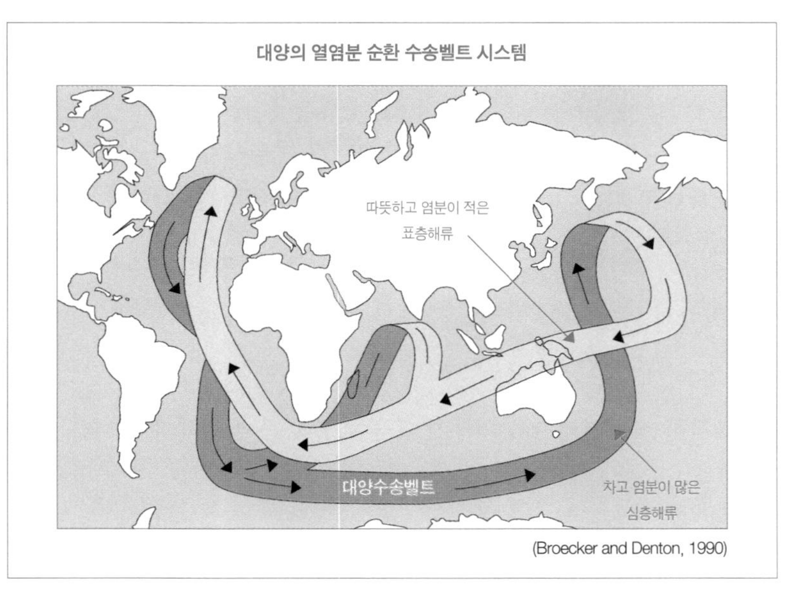

▶▶열과 염분의 순환에 의한 심층해류는 적도의 열을 북반구 전체로 골고루 전달해주는 역할을 한다. 이 에너지의 양은 주변 국가들이 태양으로부터 흡수하는 열량의 거의 1/30이나 돼 해류가 흐르는 주변 유럽 여러 나라들의 기온을 6도나 상승시키는 효과가 있다.

해수의 침강으로부터 시작된다. 가라앉은 해수는 비슷한 밀도의 해수가 자리 잡고 있는 수천 미터의 깊이에 이르면 해류의 한 부분이 되어 수평으로 움직이기 시작한다. 이에 따라 심해의 이동된 해수를 보충하기 위해 표층에서는 침강이 일어나는 방향으로 바닷물이 이동하는 해류가 생겨 균형을 이룬다. 북대서양의 심층해류는 남쪽으로 흐르고 아프리카 남단을 돌아 동쪽으로 흐르면서 일부는 인도양 북단에서 나머지는 태평양 북단에서 솟아오른다. 여기서는 아시아대륙에서 이동해 온 열과 담수와 섞여 비교적 따뜻하고 염도가 낮은 표층해류를 형성해 북대서양으로 되돌아간다.

이처럼 열과 염분의 순환에 의한 심층해류는 적도의 열을 북반구 전체로 골고루 전달해주는 역할을 한다. 이 에너지의 양은 주변 국가들이 태양으로부터 흡수하는 열량의 거의 1/3이나 되므로 이 해류가 흐르는 주변의 유럽 여러 나라들은 기온이 무려 섭씨 6도나 상승하는 효과를 보게 된다. 따뜻한 표층해수의 열 에너지가 편서풍과 함께 이동되어 이 지역을 해양성기후로 만들어 온난하게 만들어주는 것이다.

따라서 이 해류가 붕괴될 경우 지구 북반구는 매우 추워지고 적도 부근으로 내려갈수록 건조하고 더워지게 된다. 지역에 따라 기온편차가 급격히 커지면서 이상기후가 돌출해 지구는 생명체가 번식하기 어려운 환경으로 급변할 수 있다.

해온 이상의 대명사 '엘니뇨'와 '라니냐'

지구상의 다양한 자연변화 가운데 기후의 가장 뚜렷한 주기적 변동으로 계절의 변화를 꼽을 수 있다. 계절의 변화는 지구의 자전축이 기울어져서 태양 주위를 돌고 있기 때문에 발생한다. 이와 같은 계절의 변화는 우리나라가 위치해 있는 중위도지방뿐만 아니라 열대지방에까지도 영향을 주어 건기, 우기가 반복되는 몬순(monsoon)이라는 기상 현상이 나타나고 있다.

그러나 이 같은 계절의 변화가 해마다 늘 일정하게 되풀이 되는 것은 아니다. 때때로 비주기적인 이상 현상이 일어나 지구생태계에 적지 않은 영향을 준다. 이러한 자연의 이상 현상 중에서 가장 뚜렷한 것이 바로 열대 해수면의 온도 변이로 나타나는 '엘니뇨'와 '라니냐' 현상이다.

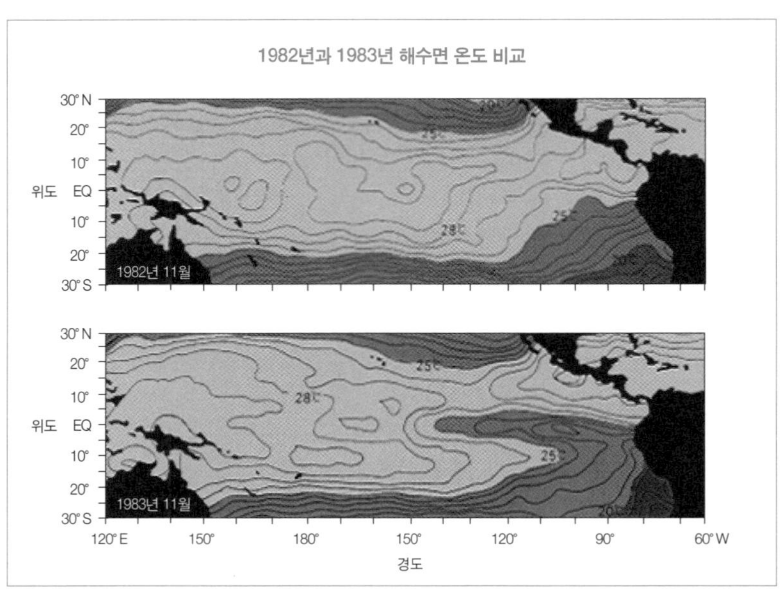

▶▶적도를 따라 태평양의 동쪽에서 중앙부로의 해수면 온도를 나타낸 그림이다. 1982년 11월 엘니뇨 시기의 해수면 온도와 1983년 11월 라니냐 시기의 해수면 온도를 비교해보면 1982년 엘니뇨 시기 해수면 온도가 상당히 올라가 있음을 알 수 있다.

엘니뇨는 1541년에 처음 보고되었는데 광범위한 태평양의 열대해역에서 해수면의 온도가 평년에 비해 비정상적으로 높아지는 현상을 말한다. 해수면 온도가 높아지는 엘니뇨 기간 동안 페루 연안의 멸치 어장은 문을 닫아야 했고 이 현상이 다음해 여름까지 지속되는 경우가 있어 생태계에도 큰 영향을 미쳤다.

학술적으로 엘니뇨의 정의는 태평양 동부 적도 해역의 월평균 해수면 온도 편차의 5개월 평균값이 +0.5도 이상 약 6개월 이상 계속되는 경우를 말하는데 거꾸로 페루 앞바다의 해수온도가 평소보다 더 내려가고 필리핀, 인도네시아 지역에서 바닷물의 온도가 더 올라가는 것은 '라니냐' 현상이라고 한다. 2004년 우리나라의 장마에서도 온난화 현상과 더불어 엘니뇨로 인한 불규칙한 강수가 잦아졌다고 밝혀졌다.

금세기 가장 강한 엘리뇨 현상 중의 하나로 알려진 것은 1982~1983년의 태평양 해수면 온도(sea-surface temperature, SST) 상승으로 이때 해수면 온도 편차를 보면 적도를 따라 태평양의 동쪽에서 중앙부로 해수면 온도가 상당히 올라갔음을 알 수 있다.

해온 이상으로 나타나는 피해들

이에 따라 태평양의 중앙과 동쪽에서 해수면 상승이 계속되어 그해 10월경에는 수십 센티미터까지 올라갔고 동시에 서쪽 태평양의 해수면은 내려가서 연안에 많은 피해를 일으켰다. 예를 들면 태평양의 중앙부와 동쪽에서의 해수면 상승에 따라 바닥에서 올라오는 플랑크톤이 감소하게 되고, 이에 따라 어류–조류–포유류 순의 먹이사슬이 잇달아 큰 타격을 받게 되면서 1982~1983년 극심했던 엘니뇨가 잦아들기까지 동태평양의 물개와 바다사자의 새끼들은 거의 다 죽고 성년이 된 것들도 약 1/4이 소멸되었다. 엘리뇨 현상의 영향은 바다에서만 국한된 것은 아니다. 페루에서는 이 기간 동안에 약 2,500mm 이상의 비가 왔으며 이에 따라 해안 사막 지대가 초원으로 변했다. 이때 형성된 많은 호수에서 생산된 새우의 어획고는 기록적이었다. 그러나 반대로 바다의 어획고는 급격히 감소했고, 모기들에게 적절한 산란조건을 형성해 그 해에는 말라리아가 이 지역에 폭발적으로 창궐했다.

엘니뇨가 태평양 연안지역에 끼친 경제적 손실은 실로 막대하다.

남아메리카의 태평양 연안에서는 어획고가 크게 감소하였고, 태평양에서 발생한 태풍 역시 예년과는 달리 전혀 다른 방향으로 진출해 도서지방에 큰 영향을 끼쳤다. 또 서태평양에 위치하던 강수대가 태평양 중앙으로 옮겨감에 따라 인도네시아와 호주에서는 기록적인 가뭄과 산불로 많은 숲이 사라졌다.

미국의 남서부지방에서도 큰 비로 홍수를 겪고 서북부지역의 스키장은 예상하지 않은 따뜻한 겨울로 그 해 영업에 막대한 타격을 입었다. 이와 같이 1982~1983년 엘니뇨가 끼친 경제적 손실은 약 130억 달러 규모로 보고되어 있다. 당시 중국도 엘니뇨의 영향으로 수개월간 가뭄이 지속돼 북부지방은 210만ha의 경작지가 가뭄 피해를 입었으며 670만ha의 농지는 파종도 못했고 남부지방도 물 부족으로 모내기를 하지 못한 논이 약 130만ha에 이르렀다. 또 인도네시아 등 동남아시아에서는 산불이 몇 달 동안 계속돼 심각한 연무 피해를 입었으며 미국, 페루, 호주, 아프리카 남서부 등 세계 각국에서 가뭄, 홍수, 폭설 등 기상이변이 속출했다. 우리나라도 예외는 아니었다. 예년보다 독성이 강했던 남해안 적조, 북한의 이상고온과 가뭄 등이 모두 엘니뇨의 영향이었다.

엘리뇨 현상이 시작되거나 끝날 때 평년보다 강한 무역풍이 불면서 해수면 온도를 정상보다 낮게 하는 라니냐 현상이 발생해 벼가 제대로 익지 못하거나 과일이 커지지 못해 상품성이 떨어지고 수확량도 감소하는 등 저온 피해를 입을 수 있다.

결과적으로 전 세계에 걸쳐 막대한 영향을 미치는 엘니뇨와 같은

1982년 엘니뇨 시기, 중국은 엘니뇨의 영향으로 수개월간 가뭄이 지속됐다. 북부지방 210만ha의 경작지가 가뭄 피해를 입었으며 670만ha의 농지는 파종도 못했고 남부지방도 물 부족으로 모내기를 하지 못한 논이 약 130만ha에 이르렀다.

기상이변은 기후와 밀접한 관련이 있는 농업분야에 치명적인 타격을 줘 곡물생산을 급격히 감소시키고 있다. 전 세계가 식량 위기에 직면할 가능성을 높이고 있다.

기후변동의 역사와 빙하기의 도래

기후변화를 알려주는 고기후 연구

지구는 47억 년 전쯤에 탄생한 이후 기후조건이 안정되어가면서 생명을 탄생시켰고 이후에도 지구 기후의 변화는 생명체의 진화와 멸종에 주된 영향을 미쳐왔다. 지구 기후의 결정적 변수로는 대기의 온도와 조성, 대양의 온도, 빙하가 퍼진 정도, 해류, 식생, 화산의 분화 등이 있다.

고대의 기온은 암석이나 호수의 퇴적물, 화석으로 남은 식생의 꽃가루 분석, 빙하의 얼음분석 등으로 알 수 있다. 나무의 나이테는 성장이 빨랐던 해와 느렸던 해를 보여준다. 이탄갱에서 발견되는 꽃가루의 비율을 보면 과거의 숲과 초원의 모습을 그려볼 수 있다. 꽃가루 분석

결과 떡갈나무, 소사나무, 너도밤나무 같은 나무의 꽃가루는 기후가 따뜻했음을 보여준다. 또한 대양의 밑바닥에서 채취한 천공샘플과 유공충류의 껍질, 바다표면에 사는 조그만 동물의 껍질 등을 분석해도 과거의 기온을 유추할 수 있다. 빙하의 얼음 속, 산소의 동위원소비율로도 온도를 알 수 있다.

또한 화석화될 수 있는 식물의 부분 중에서 양적으로 가장 풍부한 것은 포자나 화분이다. 포자와 화분은 화학적으로 안정된 성분으로 이루어졌을 뿐만 아니라 미화석이 갖는 모든 장점도 함께 가지고 있다. 따라서 고식물군 복원을 통한 고기후의 추정에 있어 포자화분화석은 매우 유용하게 이용될 수 있다.

베일이 벗겨진 지구 기후의 역사

고생대 초기인 4억 3천만 년 전에 짧은 빙하시대가 있었고 끝 무렵인 2억 7천만 년 전에서 2억 3천만 년 전까지의 긴 기간에 걸쳐 온화한 페름기 빙하시대가 있었다.

중생대는 1억 8천만 년 전에 시작해서 6,500만 년 전에 끝나는 백악기의 온난했던 시기까지 빙하기가 없었다. 한편 중생대 백악기의 경우는 지구 전체에 걸쳐 해수면이 현재의 해수면보다 약 400m 정도 높았으며, 남극과 북극에는 빙하가 존재하지 않았고 대기의 이산화탄소 분압도 현재보다 약 10배 정도 많아서 지구 표면 전체가 현재의 상태와는 현격히 다른 온난화 현상을 보여준 시대였다.

이러한 지구 표면 환경의 변화는 연속적으로 퇴적된 해양퇴적물의

지질시대 구분에 따른 지구환경변화와 식생의 특징

지질시대 구분			환경 특성	출현생물 특징
선캄브리아시대	시생대 ~25억 년 전		생물체가 처음 생성, 결정편암, 편마암, 심성암류로 구성.	세균류, 스트로마톨레이트 출현.
	원생대 25억 년 전~5억 7천만 년 전		생물이 발달하기 시작했으나 화석으로 나타나지 않음.	해조류, 해면동물류 출현.
	캄브리아기 5억 7천만 년 전~5억 년 전		최초의 풍부한 화석군 출현.	완족류, 산호, 고사리, 갑주어, 삼엽충, 필석류 출현.
	오르드비스기 5억 년 전~4억 4천만 년 전		캄브리아 출현생물의 번성기.	필석류, 앵무조개 번성.
	실루리아기 4억 4천만 년 전~3억 9천5백만 년 전		최초의 완전한 어류화석 출현.	공기호흡동물, 폐어출현, 무악류 번성.
	데본기 3억 9천5백만 년 전~3억 4천5백만 년 전		갑주어가 전성했던 어시대, 조산운동 활발.	최초의 육상 척추동물 양서류 출현, 무악류 번성.
	석탄기 3억 4천5백만 년 전~2억 8천만 년 전		대륙의 소택지대에 대삼림 형성, 후반기에 조산운동,화산활동이 격렬하게 일어난 뒤 대삼림이 지하에 매몰 탄화되어 다량의 석탄형성, 빙하형성.	방충류, 산호류, 완족류, 어류 번성.
	페름기 2억 8천만 년 전~2억 5천만 년 전		남반구에 빙하 발달.	포유류와 유사한 파충류 출현, 겉씨식물 출현, 완족류, 삼엽충, 바다전갈 절멸.
중생대	트라이아스기 2억 5천만 년 전~2억 년 전		해퇴, 화산활동, 지각변동 계속.	국석류, 공룡 등 파충류 크게 발달.
	쥐라기 1억 9천만 년 전~1억 3천만 년 전		지질은 석회암, 이화암, 사암, 혈암으로 구성.	시조새, 익룡, 은행, 소철 등 속씨식물 출현.
	백악기 1억 3천만 년 전~6천만 년 전		기후 매우 온화.	유공류, 파충류, 양치류, 피자식물번성,티라노사우르스번성.
신생대	3기 6천 6백만 년 전~백만 년 전		화산활동 격렬, 퇴적, 습곡, 단층운동 활발, 알프스 산맥, 히말라야 산맥은 바다였으나 이 시기에 융기하여 높은 산맥형성, 초식 포유류의 번성과 진화.	연체동물, 맘모스, 코끼리, 말, 낙타, 화폐석, 오랑우탄 등 영장류 출현. 현생종의 약 절반이 살아감.
		홍적새 백만 년 전~만년 전	빙하시대, 인류시대의 서막 및 구석기 시대 도래, 타제석기 사용.	맘모스, 코끼리, 도마뱀 등 포유동물 번성, 인류 출현.
	4기	충적새 만 년 전~현재	빙하시대를 지나 제4기 간빙기에 해당, 신석기 시대의 도래 및 마제석기, 빗살무늬 토기 출현과 농경생활 정착 및 촌락생활, 지모신 신앙발생에 따른 인류문명탄생, 자연개발단계로 진입.	

기록에서 유추할 수 있으며 최근에도 이에 대한 연구는 매우 활발히 이루어지고 있다.

신생대는 제3기, 제4기라 불리며 기온이 톱니바퀴처럼 들쭉날쭉 변하며 빙하기와 간빙기가 교차되는 사이클을 보여주었다. 또한 기온이 점차 떨어져서 지구의 한랭화가 진행되었음을 뚜렷이 볼 수 있다. 이 시기에 극빙하가 등장하고 평균기온은 계속 낮아져 1,000만 년 전 이래 얼음은 점점 두꺼워지고 대륙으로 빙하가 확대되어갔다. 북반구의 고산계곡에도 눈과 얼음이 쌓이기 시작해 고산빙하나 계곡빙하가 등장했다.

제4기 홍적세인 200만 년 전부터 현재의 빙하가 발달하기 시작했는데 빙하기와 간빙기의 사이클이 생기며 빙하가 전진과 후퇴를 반복했다. 최종간빙기는 12~13만 년 전에 있었고 빙하기가 연속되다가 1만 년 전부터 충적세(또는 홀로세)라 불리는 온난기가 시작되었다. 현재의 온도는 최종빙하기의 최저기온보다 섭씨 5도 정도 높고 해수면도 120m나 높다.

전 세계적으로 대규모 빙하가 형성되었던 시기는 2억 5천 만 년 전인 고생대 페름기와 제4기의 홍적세였고 그 중 홍적세 빙하기는 비교적 깊이 연구되어 있다. 홍적세 빙하기(약 300만~100만 년 전)는 기후변화가 지구상에 가장 큰 영향을 주었던 기간으로서 4번의 빙하기가 있었다. 마지막 빙하기(뷔름빙하기, 8만~1만 5천 년 전)에는 유럽, 북미, 시베리아 등 육지의 30%가 두께 약 2-3km의 얼음으로 덮여 있었다. 기온은 지금보다 평균 약 5도 정도(최대 20도)까지 낮았고 해수면

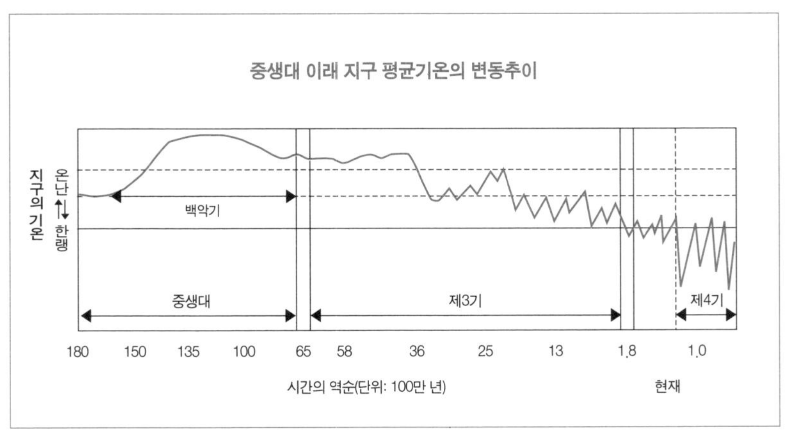

▶▶중생대는 1억 8천만 년 전에 시작해서 6천5백만 년 전에 끝나는 백악기의 온난했던 시기까지 빙하기가 없었다. 중생대 백악기는 지구 전체에 걸쳐 해수면이 현재의 해수면보다 약 400m 정도 높았으며, 남극과 북극에는 빙하가 존재하지 않았고 온난화 현상을 보여준 시대였다.

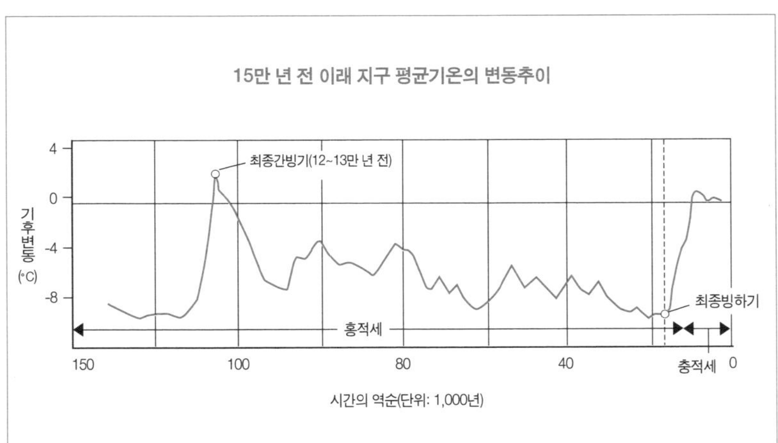

▶▶최종간빙기는 12~13만 년 전에 있었고 빙하기가 연속되다가 1만 년 전부터 충적세라 불리는 온난기가 시작되었다. 1만 년 전에 현생인류가 출현한 이후 농경문화가 시작되었고 도시국가가 확장되면서 생태계가 훼손되기 시작했다. 현재의 온도는 최종빙하기의 최저기온보다 5도 정도 높고 해수면도 120m나 높다.

이 100-150m 정도 하강하였으며 현재는 바다로 구분된 많은 지역이 육지로 연결되었다고 추정된다.

지구의 운동과 태양복사열에 따라 크게 10만 년, 4만 년, 2만 년을 주기로 대규모 빙하기가 도래하였다고 추정된다. 마지막 빙하기가 약화되고 온난화된 간빙기인 신생대 제4기 홀로세(1만 년 전~현재)에는 약 2,000년을 주기로 평균 기온이 1도에서 2도 하강하는 소빙하기(Little Ice Age)가 여러 번 반복되어 인류의 생존을 위협하는 존재로 군림해왔다.

특히 700년 전부터 유럽은 기온 강하로 해일, 폭풍, 농작물 피해, 질병 등으로 시달려왔는데 바다가 얼어 그린란드가 고립되었다. 1840년경 유럽의 아일랜드는 감자 등 식량생산이 크게 감소되자 대규모로 북미대륙으로 이주했으며 스코틀랜드는 일 년 내내 눈이 녹지 않았다. 런던 템스 강은 얼어붙어 얼음축제를 지냈고 아이슬란드 주위 바다로 빙산이 떠내려오고 알프스 산맥 인근까지 빙하가 흘러내려 왔다고 한다.

빙하기 연구와 기후변화

현재 지구의 전체 물 중 약 2%인 담수의 대부분은 빙하로 존재하며, 육지의 약 10%는 빙하로 덮여 있다. 그 중 90%가 남극대륙에 9.8%가 그린란드에 나머지 0.2%가 다른 지역에 분포한다. 신생대 이후 지난 수백만 년 동안 빙하가 지표의 넓은 지역을 덮고 있었던 때가 여러 차례 있었는데, 북반구의 1/3 이상이 빙하로 덮였고 중위도지역까지도 눈과 얼음으로 뒤덮였다. 이와 같은 혹한의 시대를 빙하기(Ice Age)라 하는데 빙하기가 우리에게 알려진 것은 불과 100년이 채 되지 않는다.

빙하기의 존재가 알려진 것은 스위스 과학자 루이 아가시(Louis Agassiz, 1807~1873)가 1837년 빙하기 이론을 발표하면서부터이다. 이전에는 노아의 방주를 연상케 하는 '대홍수설'만을 굳게 믿었다.

빙하기는 신생대에만 발생하지 않고 약 23억 년 전 선캄브리아기부터 고생대까지 여러 차례 도래와 소멸을 반복했다. 중생대는 온난한 기후로 빙하기가 없었다. 빙하시대라고 불리는 신생대는 지난 100만 년간 약 10회의 대규모 빙하기와 수십 회의 소규모 빙하기가 있었던 것으로 추정된다. 특히 신생대 빙하기가 중요한 이유는 바로 이 시기에 인류가 등장했기 때문인데 혹독한 추위 때문에 생존에 큰 어려움을 겪었을 것이다. 이처럼 지구의 빙하기와 간빙기는 수만 년 주기로 반복돼왔는데 가장 추웠던 시기는 약 2만 2천 년 전에 있었고 사람이 살기에 가장 적합한 시기는 약 6,000~4,000년 전이었다고 한다. 따라서 지금 우리가 살고 있는 지구는 간빙기의 최정점을 지나 서서히 빙하기를 향해 가는 중이다.

주요 빙하기는 네 차례 진행되었는데, 빙하기와 빙하기 사이를 간빙기라 하며, 이때 기온이 상승하면서 해수면이 올라갔다. 인류나 동식물은 빙하기가 되면 거의 전멸 상태에 들어가게 되고, 간빙기에 다시 나타나는 현상을 보였다. 전기 구석기는 제1간빙기와 제4빙하기 초까지를 말하는데, 제3간빙기와 제4빙하기 사이에 네안데르탈인이 출현하여 불을 사용하고 매장법을 알게 되었다. 제4빙하기 이후는 후기 구석기 시대에 해당하며, 크로마뇽인 등 현생인류가 출현하였다.

한반도에서는 백두산과 같은 고산지대를 제외하고는 빙하 흔적이 발견되지 않는다. 위도상으로도 빙하권에서 남쪽에 위치하여 빙하의 영향이 직접적으로 미치지 못하였던 것으로 해석되며 빙하 퇴적은 없었던 반면 침식 작용이 우세하였고 지층 내 토양 구조로부터 추운 기후였음을 알 수 있다.

지구 기후의 변동은 지구 외적인 요인뿐만 아니라 내적인 요인도 영향을 준다. 1만 년 전에 현생인류가 출현한 이후 농경문화가 시작되었고 도시국가가 확장되면서 생태계가 훼손되기 시작했다. 특히 250년 전에 과학의 발달에 의해 탄생된 후, 산업화와 도시화를 주도해온 현대 기계문명은 매우 빠른 속도로 광범위하게 지구 환경을 파괴해 1980년대 이후부터 지구 평균기온이 급격히 상승하기 시작해 이제 인류는 지구온난화와 화학물질오염으로 인한 생태계 파괴로 커다란 위기에 봉착해 있다.

빙하기를 만드는 네 가지 원인

빙하의 생성 원리

빙하는 바닷물이 직접 얼어서 형성되는 것이 아니라, 해수가 증발해 내리는 눈이 쌓여 굳어지며 형성된 것이다. 처음에 내린 눈은 눈송이 사이에 공기가 채워져 면적당 무게를 나타내는 밀도가 0.06-0.16 정도로 낮지만, 눈이 쌓이게 되면 자체의 무게로 압축되어 공기가 빠져나간다.

계속 눈이 쌓이며 수년이 경과하는 동안 눈은 녹기도 하고 다시 얼기도 하면서, 그리고 재결정작용 등을 반복하면서 점점 치밀해지는데, 비중이 약 0.5에 이르게 되면 이를 만년설(firn)이라고 한다. 만년설이 더욱 치밀해져서 비중이 0.8에 이르면 빙하의 얼음(氷河氷, glacial ice)

으로 변하고 이 얼음 내에는 많은 기포들이 압축되어 일부는 고체화되어 들어 있게 된다. 이는 눈이 쌓이면서 압력을 받아 공기와 함께 압축돼 얼음으로 변했기 때문이다. 물이 얼어 생긴 얼음의 비중은 0.917로서 빙하의 얼음과는 다르다. 이렇게 점점 빙하 얼음이 발달하여 빙하가 형성된다.

여름에 시작되는 빙하기

빙하기는 북반구에 있어 추운 겨울에 일어나는 것이 아니라, 서늘한 여름에 시작한다. 지난겨울에 쌓인 눈과 얼음이 다 녹지 못하면 눈과 얼음의 특성상 열을 적게 흡수하고 햇빛을 모두 반사하여 주변을 더욱 차게 만든다. 이때 바다로부터 불어오는 습윤한 온대기단이 대륙의 찬 기단을 만나 상승하게 되고, 모여서 무거워진 구름은 비가 아니라 눈이 되어 하강한다.

계속되는 눈은 주위를 더욱 차게 하고 그 결과 기온이 떨어져 구름이 하강하면서 더 많은 눈이 오게 된다. 점점 눈이 쌓이게 되면서 무게와 압력에 의해 눈은 얼음으로 결정되고 점차 빙하로 성장하게 된다. 이렇게 성장한 빙하는 점점 커지면서 무게가 무거워지고 빙하 바닥은 무게에 의하여 녹기 시작해 지표를 따라 미끄러져 나간다. 이렇게 빙하는 서서히 이동을 하기 시작하는데, 그 결과 지구 북반구의 반 이상을 덮어 버리는 빙하기가 시작되는 것이다.

일단 빙하가 발달하게 되면 알베도 효과가 커지면서 태양으로부터 받는 지구의 복사량은 줄어들기 때문에 지구의 기온은 점점 낮아지고

빙하는 해수의 증발에 의해 내리는 눈이 쌓여 굳어지며 형성된다. 지속적으로 눈이 쌓여 만년설이 되고 만년설은 더욱 치밀해져 빙하의 얼음으로 변한다. 지구내 빙하가 현재 차지하는 전체 면적은 약 1억 5천만km²로 전 육지의 약 10%에 해당한다. 그 중 98%는 남극대륙과 그린란드에 존재하고 그 밖에는 오스트레일리아를 제외한 각 대륙의 고산과 북극에 산재하는 섬에 분포한다.

빙하의 성장을 더욱 가속화시킨다. 그러나 실제 지구 자전축의 경사효과, 세차 운동 및 이심률의 변화 중 어느 한 가지 효과만으로도 소빙하기를 가져오기 충분한데, 만약 이 세 가지 효과가 중첩되면 지구의 대부분은 얼음으로 덮일지도 모른다.

지형을 변화시키는 빙하작용

빙하작용(glaciation)은 지형학적인 면에서 두 가지 점이 중요하다. 하나는 빙하가 발달하거나 후퇴할 때 침식과 퇴적작용에 의해 빙하지형이 생성된다는 점이고, 또 다른 하나는 해수면의 상승 또는 하강 운동에 의해서 해안 및 하곡(河谷) 지형의 발달에 간접적으로 영향을 미친다는 것이다.

현재 남아 있는 빙하작용의 흔적은 북미대륙에 60% 정도와, 북유럽에 20% 정도로 집중되어 있으며 나머지는 고산지대에 흩어져 있다. 우리나라에서도 백두산과 관모봉의 고산지대에 빙하작용의 흔적이 남아 있다.

주로 고산지대에서 빙하가 계속해서 두껍게 형성되면 빙하의 바닥쪽에는 압력이 높아지고 녹기 시작하면서 지면과의 접촉부가 미끄러워져 빙하는 낮은 곳으로 흘러내리기 시작한다. 이렇게 흘러내리는 빙하는 이동하면서 침식작용과 운반작용을 하면서 여러 가지 빙하지형을 만들고 빙하가 후퇴하면서 운반해온 퇴적물들을 남기면서 다양한 지형을 발전시킨다. 전자는 빙하의 침식 및 운반작용에 의한 지형으로, 후자는 퇴적작용에 의한 빙하지형으로 구분한다.

빙하기 동안에는 오늘날에는 따뜻하고 푸른 초원지대인 중위도지역까지도 눈과 얼음으로 덮여 있었다. 그리고 이런 빙하기가 전 세계적인 현상이며 과거의 지질시대에 여러 차례 빙하기와 간빙기가 반복되었다는 것이 많은 과학자들의 연구로 밝혀졌다. 20세기에 들어와서는 빙하기의 전진과 후퇴에 대해서 지구 밖에서 그 원인을 찾기 시작하였는데, 지구 공전과 자전의 형태와 관련되어 있다는 이론이 수학자와 천문학자들에 의하여 발표되었다.

지구 기후에 영향을 미치는 요인들

지구 기후에 영향을 미치는 요인으로는 지구 궤도변화와 온실가스 그리고 지구 기후 자체에 존재하는 내적인 요인들을 생각해볼 수 있다. 1920년에 밀란코비치는 「태양복사에 의해 생기는 열 현상에 관한 수학이론」을 발표하여 기후변화를 지구 궤도변화요인으로 설명하였다.

지구 궤도변화요인은 태양활동의 변화, 두 가지 경우의 지축의 변화, 지구 공전궤도변화, 이 네 가지로 분류할 수 있다. 이들 중 첫 번째로 가장 주기가 짧은 것이 흑점 관찰로 알 수 있는 태양활동의 변화로 11년 주기이다. 이것은 지구로 들어오는 태양 에너지의 변화가 겨우 0.07%에 불과하므로 지구온난화에는 큰 영향을 미친다고 보지 않는다.

다음으로 지구 자전축의 변화와 관련된 두 개의 요인이 있다. 하나는, 지축의 세차운동으로 지구공전축에 대하여 지축이 1만 9천~2만 3천년 주기로 팽이처럼 원을 그리며 회전하는 것이다. 현재 태양 주위를 타원궤도를 따라 공전하는 지구의 북반구는 여름철에는 태양에서 가장 멀고 겨울철에는 가장 가깝다. 그러나 1만 1천 년 전에는 이와는 반대로 여름철에 태양에 가장 가깝고 겨울철에 가장 멀었다. 따라서 이때는 현재와는 반대로 북반구에서 더 많은 태양 에너지가 유입되었다. 이에 따라 북반구에서 기후의 계절변화는 지금보다는 훨씬 더 컸고 아시아 몬순의 강도도 더욱 크게 나타났을 것으로 생각된다.

지구 자전축에 관한 두 번째 요인은 지구 공전축에 대한 지축의 기울기가 4만 1천 년 주기로 21.5도에서 24.5도까지 변한다는 것이다. 현재 지축의 기울기가 23.5도인 것을 고려할 때 지축의 기울기가 더 기울어질수록 계절변화가 지금보다 더 클 것이며 지축의 기울기가 작을 때는 계절변화가 상대적으로 작을 것이다.

마지막 요인은 지구 공전궤도의 변화이다. 지구의 공전궤도는 약 10만 년을 주기로 거의 완전한 원에서 타원으로 점차 평평해졌다가 다시 원래대로 돌아간다. 이 사이에 변하는 태양과 지구 사이의 거리는 약 1,800만km 이상이다. 지구 공전궤도가 원일 때보다 타원일 때 계절적 기후변화는 더 크게 일어날 것이다. 현재 지구의 공전궤도는 타원에서 점차 원형 쪽으로 변화되고 있는 중이다.

빙하기와 간빙기의 변화는 이상의 네 가지 요인들이 서로 복합적으로 작용한다. 또한 기후변화는 눈 또는 얼음이 덮인 지역의 확장과 수축에 따른 이차적인 기후변화, 알베도 효과, 대기 중 온실가스 함유량의 변화들과 더불어 일어난다. 그러나 현재 관찰되고 있는 지구 온도의 가파른 상승은 이들을 다 고려한다 해도 전무후무할 정도로 빠른 속도로 진행되어 석유문명이 내뿜는 탄산가스 등 온실가스가 현대 지구온난화의 가장 큰 원인이라는 것은 이제 거의 정설이 되었다. 지난 1,000년 동안 가장 더웠던 해를 열 개 정도 뽑았을 때 그 중 아홉이 1990년대 이후에 들어 있다는 사실은 온실가스 외의 다른 사실들의 영향을 고려할 수 없게 만들어버렸다.

4만 1천 년, 10만 년 그리고 2만 3천 년 주기로 일어나는 이 세 가지의 효과가 합쳐지거나 극대화되면 빙하기가 시작된다. 11만 5천 년 전에 시작돼 1만 년 전에 끝난 최근의 빙하기는 공전궤도가 타원을 그리고 자전축 기울기가 최소가 되면서 시작되었다. 따라서 2만 년 전 뉴욕은 100m 두께의 얼음에 덮여 있었다.

<u>온난화</u>로 황폐해지는 지구

3

기후의 균형이 깨진다

기후의 균형을 깨는 온난화의 가장 큰 원인은 과도한 이산화탄소의 배출과 토지이용의 변화를 들 수 있다. 지구의 자정능력을 초과하는 화석연료의 연소와 이로 인한 이산화탄소 배출 그리고 숲을 감소시키는 경작지의 증가 등 토지이용의 변화는 지구의 온실효과를 강화시켜 결국 '더워지는 지구'를 만들고 있다.

이 중 화석연료 연소가 이산화탄소 총 배출량의 3/4를 차지하며 이때 함께 발생된 황화합물이나 질소화합물, 탄화수소 등 유해 화합물들이 각종 대기오염을 유발한다.

그 결과 오존을 생성하는 광화학 스모그, 산성비로 인한 토양의 침식 등 총체적인 생태계 파괴가 초래되며 동시에 기후에도 영향을 미친다. 한편, 산업적으로 대량 합성되어 광범위하게 이용돼온 프레온가스 등의 합성화학물질들도 대기 중에서 오존층을 파괴하거나 온난화물질로 작용한다.

숲을 감소시키는 경작지의 증가는 지구의 토지이용 시스템을 변화시켜 지구의 온실효과를 가속화했다. 지구의 자정능력을 초과하는 화석연료의 연소와 이로 인한 이산화탄소 배출은 더워지는 지구의 제1 원인으로 꼽히고 있다.

대기오염과 이상기후

대기오염이란 한 종류 이상의 오염물질이 자연적으로 또는 인위적으로 배출돼 인체를 비롯한 생태계, 더 나아가서는 경제 활동에 피해를 줄 정도로 오랜 기간 동안 대기 중에 존재하는 것을 말한다. 다시 말하면, 대기오염이란 각종 산업시설과 인구의 증가, 도시집중화로 인한 한정된 면적에서 과밀한 인구밀도 때문에 빚어지는 대기의 악화 현상으로 사람들의 건강과 생활 및 동식물의 생존에 해를 주고 기타 재산상의 피해를 주는 것을 말한다.

오존층 파괴와 지구온난화를 가속화하는 대기오염은 근래 더욱 지속적으로 나타나고 있다. 시간적, 공간적으로 매우 다양한 양상을 띠고 있으며 어떤 대기오염은 수 시간 안에 나타났다가 사라지는 것도 있다. 몇 시간에서 며칠의 중간적인 시간규모로 발생하는 대기오염의 예로 도시의 매연으로 인한 공기오염과 광화학 스모그 현상을 들 수 있다. 또 특정지역에서 발생한 오염물질들은 바람에 의하여 황사처럼 수십에서 수천 킬로미터 떨어져 있는 지역까지 전달되기도 한다. 그 결과 공업지역뿐만 아니라 그 주변지역의 대기 환경까지 화학적으로 많이 변화된 상태를 보이는 곳이 많다.

특히 공업화가 확대되어 자동차의 연료로 계속 휘발유나 경유를 사용한다면 대기오염은 가속화될 것이다. 계속되는 대기오염과 산의 축적은 어느 특정지역의 문제를 떠나 이제 전 세계적인 환경 문제가 되고 있다. 프레온가스에 의한 성층권의 오존층 파괴와 온실기체의 배출로 인한 지구온난화는 지구 전체 대기의 오염 때문이라고 할 수 있다.

화석연료 사용으로 가속화된 지구온난화

18세기 후반에 영국에서 일어난 산업혁명으로 증기기관과 발전기가 발명되었다. 나아가 전기 에너지가 편리하게 사용되면서 인류는 대량의 에너지를 화석연료로부터 얻게 되었다.

화석연료들은 수천만 년에 걸쳐 오랜 기간 동안 서서히 생성되었으며 석탄은 석탄기의 식물이 탄화되고 석유는 플랑크톤이 쌓여 형성된 것이다. 이들 생물체 분해생성물들은 원래 물과 공기 중의 이산화탄소가 햇빛 에너지를 이용해 식물체의 광합성으로 만들어진 물질이므로 연소한 뒤 원래의 탄산가스로 되돌아간다고 볼 수 있다. 산업화 이후 화석연료가 대량으로 소모되어 생태계의 탄소균형을 깰 정도로 탄산가스가 방출되어 커다란 문제를 일으키고 있다.

기하급수로 증가하는 화석연료 소비량

연료원별 세계 에너지 소비량을 보면 지열, 풍력, 태양열, 바이오매스 등의 재생가능 에너지도 서서히 증가하고 있다. 2000년 현재로는 화석연료가 전체 에너지 중 86%, 수력이 7%, 원자력 6%를 차지하고 있다.

화석연료의 소비량은 제2차 세계대전 전만 하더라도 수억 톤에 지나지 않았으나 그 후 산업화가 전 세계로 확산되면서 기하급수적으로 증가하여 2001년에는 석유로 환산했을 때 거의 100억 톤에 이르고 있다. 최근엔 천연가스 소비량이 크게 증가하고 있다. 현재 알려진 매장량을 기준으로, 지금과 같은 소비추세가 계속된다면 석탄은 200년, 천연가스 60년, 석유는 40년 후면 고갈될 것이다. 화석연료의 1인당 소비량은 선진국이 개도국 평균의 6배 이상 되며 특히 미국은 10배 이상이나 소비하는 세계 최대 에너지 소비 국가이다.

이산화탄소의 방출량은 탄소로 환산했을 때 1970년에 약 38억 톤이었으나 1990년도에는 58.2억 톤으로 증가했고 2001년엔 78억 톤이었다. 미국은 세계최고의 이산화탄소 배출국으로 2000년을 기준으로 전 세계 배출량의 24%를 차지했다. 우리나라도 중국, 러시아, 일본, 인도, 독일, 캐나다, 영국,

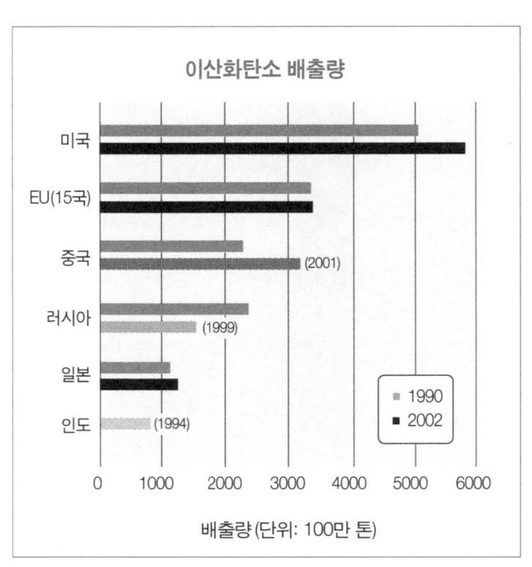

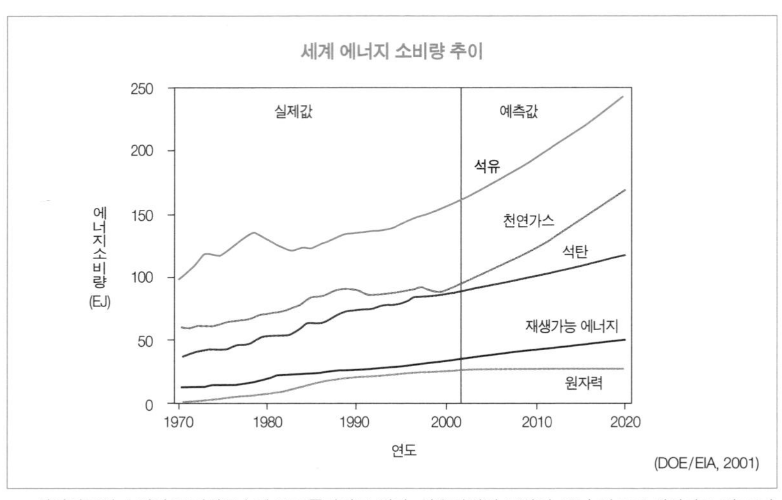

▶▶화석연료의 소비량은 기하급수적으로 증가하고 있다. 석유자원의 고갈이 40년 앞으로 예상되고 있고 가장 길다는 석탄도 200년을 넘지 못할 것으로 예상된다. 에너지 절약과 대체 에너지 개발이 시급한 때이다.

이탈리아에 이어서 9위를 차지하고 있으나 소비증가율은 세계 1위를 달리고 있다. 방출된 이산화탄소의 절반은 바닷물에 녹아 심해 속에 가라앉거나 육상생태계에 흡수된다. 한편 토지이용변화 중 삼림개척에 의해 연간 약 16억 톤의 이산화탄소가 공기 중에 배출된다.

이때 나오는 이산화탄소는 표토라 불리는 삼림표면의 흙에 함유된 유기물질들이 햇빛을 받아 산화되어 배출된 것이다. 지역적으로 2020년 즈음에 이산화탄소 농도가 550ppm에 도달하면, 지구의 기온은 적도지역에서는 3도, 고위도에는 약 10도가 증가될 것으로 추산된다. 우주 고다르(Goddard)연구소는 컴퓨터 시뮬레이션을 통한 연구결과 북극과 남극의 해빙지역에서 가장 높은 온난화가 진행되며, 저위도 해양과 아시아의 내륙지역 특히 중국에서도 뚜렷한 온난화가 나타나리라 예측했다.

'런던 스모그 사건'과 대기오염

　　광화학 스모그란 자연 상태의 대기 화합물과 인위적으로 배출된 대기오염물질이 햇빛 속에서 광화학적으로 반응하여 생성되는 인공적인 '안개'이다. 이렇게 생성된 화학물질에 의해 대기 중에 형성되는 적색, 황갈색, 회색 등의 스모그는 생물과 생태계에 매우 해롭다.

　　스모그를 형성하는 주요 화합물질로는 자동차의 배기가스와 공장 매연에 의하여 배출되는 일산화탄소(CO), 납(Pb), 독성의 탄화수소(HC), 산화질소(NO_x), 산화황(SO_x), 분진 등을 꼽을 수 있다. 일반적으로 탄화수소는 그 자체로는 큰 영향이 없으나 이것이 광화학 스모그 물질로 변하면 건강, 시정의 장애, 동식물 및 재산상의 손상 등 환경에 미치는 영향이 광범위하다. 또한 대기의 성층권에 형성된 오존층은 유

해한 자외선을 막아 지구상의 생명체들에게 이롭지만 광화학 반응에
의한 스모그 형성 과정에서 만들어진 지표면 근처의 오존은 강한 산화
력 때문에 매우 해롭다.

1952년 1만 2천 명이 사망한 대재난

1952년 초겨울, 영국의 수도 런던에서는 갑자기 많은 사람들이 호
흡장애와 질식 등으로 고통을 당하거나 사망하는 사건이 일어났다. 주
로 노인, 어린이, 환자 등 허약한 사람들이 희생됐는데 처음 3주 동안
에 약 4,000명이 사망했고, 그 후 만성 폐질환으로 약 8,000명이 더 사
망해 그 겨울에만 무려 1만 2천 명이 사망한 대재난이었다.

원인은 안개가 대기오염과 결합되어 스모그 현상을 만든 것이었
다. 런던의 초겨울은 흔히 바람이 없고 안개가 짙게 덮이곤 했다. 그해
12월 4일, 갑자기 날씨가 추워지고 안개도 심해 습도가 80% 정도에 달
했는데, 한낮에도 기온이 영하 1도 정도로 추워 건물마다 연료를 많이
사용하게 되었다. 당시 영국은 가정이나 공장에서 주로 석탄을 연료로
사용했다. 이날 안개와 연기가 결합된 스모그로 가시거리는 100m 정
도로 석탄 연기가 도시를 뒤덮었다.

이 석탄 연기 속에는 아황산가스가 많이 들어 있는데 안개와 반응
해 황산으로 변하므로 사람들에게 치명적인 영향을 주었다. 이런 스모
그 현상은 1주일간 계속되었고 그 피해는 총 3개월 동안 이어졌다. 이
사건을 기점으로 이와 같은 스모그를 황화스모그 또는 '런던형 스모
그'라 부르게 되었다. 이 후 런던은 점진적으로 가정 난방연료를 석탄

대기오염원의 종류와 정의

대기오염 물질	정 의
액체입자, 에어로졸	미세 분진 또는 액체입자가 기체 속에 분산돼 있는 것을 말하며 연기, 안개, 연무 등이 속한다.
먼지	고체입자가 공기 중 다른 기체 중에서 임시로 현탁되어 있는 상태로 석탄, 재, 시멘트 운송 등에서 발생한다.
작은 물방울	작은 액체입자, 소용돌이 상태에서는 현탁되는 정도의 크기와 밀도를 갖는다.
비산 재	연료의 연소로부터 발생된 미세분말로 된 재를 말하며 미연소된 연료, 미진도 포함된다.
안개	에어로졸이 눈에 보이는 것을 말하며 시정거리는 1km이고 습도는 70% 이상이다.
훈연	금속화합물과 같은 가스상 물질이 승화, 증류 및 화학반응에 의해서 응축될 때 주로 생성되는 0.03-0.3$\mu\ell$ 정도 크기의 미세입자이다.
연무	비교적 큰 물방울 입자가 묽은 상태로 대기 중에 분산되어 있는 것을 말하며 기상학에서는 떨어질 수 있는 물방울이 분산되어 있는 상태를 말한다.
분진	강하분진과 부유분진으로 나뉘며 대기 중에 부유하거나 강하하는 미세한 고체상태의 물질을 말한다.
매연	불완전 연소할 경우에 발생하는 유리탄소를 주로 하는 미세입자로 가스를 함유한다.

에서 천연가스로 바꾸어 지금은 세계의 대도시 중에서 비교적 맑은 공기를 유지하고 있다.

석탄 연기 속에는 아황산가스가 많이 들어 있다. 아황산가스는 안개와 반응해 황산으로 변했을 때 사람들의 인체에 치명적인 영향을 준다. 결국 대기로 뿜어져 나오는 갖가지 유해화학물들은 인체에 해를 끼치는 독으로 되돌아온다.

미국의 스모그 억제 노력

1954년 7월엔 미국 캘리포니아의 로스앤젤레스에서 비슷한 사건이 발생했다. 희끄무레하고 때로는 황갈색을 띠면서 눈을 따갑게 하고 눈물이 나게 하는 안개 현상이 나타났는데 이 사건은 석유계 원료를 사용한 자동차의 매연 배출로 올레핀계 탄화수소, 질소화합물, 황산화합물 등과 자외선에 의해 광화학 스모그 현상이 원인이었다.

처음에는 그 정체를 석탄과 유류를 태울 때 발생하는 이산화황으로 생각해 연료를 바꾸도록 꾸준히 노력했다. 그런데도 나아지지 않았는데 1951년에 하겐 스미트(Haagen Smit)라는 과학자가 자동차에서 배출되는 질소산화물과 탄화수소 등이 강렬한 태양빛을 받아서 오존을 함유한 유독한 스모그를 형성한다는 사실을 밝혀냈다.

이에 따라 당국은 스모그 통제 방법으로 탄화수소의 배출을 줄이도록 정유공장의 배출에 대해 엄격한 통제를 가한 결과 1940년 1일 2,100톤이던 것이 1957년에는 약 250톤으로 크게 줄어들었다. 그러나 이러한 노력에도 불구하고 로스앤젤레스의 스모그 상태는 더욱 악화되고 해마다 높은 농도의 스모그 현상이 더욱 잦아졌다.

이는 당시 하루 배출되는 탄화수소 가운데 80%가 자동차에서 나왔는데 이를 규제하지 못하고 있기 때문이었다. 이후 모든 자동차의 배기가스를 규제하기까지는 오랜 투쟁이 있어야 했다. 그러나 1966년 마침내 캘리포니아도 새로 생산되는 차에 배기 조절장치를 부착하는 데 성공했다. 이후 자동차에서 배출되는 질소산화물과 탄화수소를 줄일 수 있는 방법이 지속적으로 연구되어왔고 새로운 촉매장치의 개발로 어느 정도 성공은 거두었으나 아직도 자동차 배기가스에 의한 대기 오염 문제는 심각한 상태로 남아 있다.

삼림을 파괴하는 산성비

'삼림의 파괴'란 뜻의 산성비

산성비는 통상 빗물의 수소이온 농도가 pH5.0 이하인 비를 의미한다. 독일어로 산성비는 발트스테르벤(Waldsterben)으로 '삼림의 파괴'라는 뜻을 내포한다고 한다.

산성비는 흙 속의 유독한 중금속을 용해시켜 호수와 하천, 공공수원지 등으로 스며들게 만들고, 빌딩과 조각상을 손상시키고 건강도 악화시킨다. 산성비 때문에 심장과 폐의 기능이 저하되어 매년 사망자수의 2%에 해당하는 약 5만 명이 사망하고 있다는 보고도 있다.

주요 원인물질로는 이산화황과 질소산화물을 들 수 있는데 이들 물질이 대기 중에서 화학적·물리적 변환을 일으켜 황산, 질산이 되

어 빗물을 산화시킨다. 산성
비는 대기의 산성물질이 비에
녹거나 또는 건조한 형태로
생태계에 침전되는 것을 포괄
한다.

산성비는 오염물질이 발
생된 곳에서 먼 곳까지 내리는
데 일례로 공업과 자동차 산업
의 중심지인 미국의 중서부지
방에서 내린 산성비는 미국의
동부와 캐나다의 북동부에도
많은 피해를 주며, 스칸디나비

독일어로 산성비는 발트스테르벤, 즉 '삼림의 파괴'라는
뜻을 내포한다. 통상 삼림에 pH3.0 이하의 산성비가 내
리면 잎의 표면에 괴사반점이 나타나고 광합성작용이나
분비작용에 이상이 생긴다. 이어서 식물의 대사에 필요
한 체내성분을 빼앗겨 점차 쇠약해진다.

아 반도에서 내리는 산성비는 유럽 특히, 영국에까지 피해를 입힌다.

산성비를 만드는 원인들

산성비의 원인물질은 일부 자연적으로 생기기도 하지만 주로 인간
의 활동에 의해 발생한다.

산성비가 나타나는 자연적인 경우로는 가장 먼저 아황산가스를 분
출하는 화산 활동을 들 수 있다. 1980년 5월 18일에 폭발한 미국의 세
인트 헬렌즈 화산은 약 40만 톤의 아황산가스를 분출시켜, 주변 영향
권 내에 강한 산성비를 뿌렸다.

두 번째는 해풍에 의한 바닷물의 비산을 들 수 있는데 바닷물 방울이

바람에 의하여 대기에 떠돌다가 빗물에 녹아서 빗물을 산성화시킨다.

세 번째로 생물학적 유기산의 형성에 의해 산성비가 되는 경우를 생각할 수 있다. 식물이나 동물의 시체가 지층에서 박테리아나 곰팡이에 의하여 분해될 때 생성되는 각종 유기산도 지면을 흘러내리는 빗물을 산성화시킬 수 있다.

마지막으로 인간의 활동에 의한 산성비의 원인을 들자면 인간이 석탄이나 석유를 연소시키는 과정에서 생성된 이산화황과 산화질소가 이렇게 해서 대기 중에 배출되면 산성비로 다시 육지에 뿌려지게 된다. 대기 중에 산성물질이 쌓이면 결국 생태계를 파괴하는 결과를 낳는다. 건조한 봄철에 중국에서 배출된 대기오염물질은 황사와 함께 우리나라까지 수천 킬로미터를 이동하여 산성 화합물을 만들고 안개, 연무, 비 그리고 눈과 함께 내리거나 마른 형태로 지표면에 다시 돌아온다.

성장을 멈춘 삼림들

삼림에 pH3.0 이하의 산성비가 내리면 잎의 표면에 괴사반점이 나타나고 잎의 기공이 손상을 입어 광합성이나 분비작용에 이상이 생긴다. 그리고 식물의 대사에 필요한 칼슘, 마그네슘 등의 체내성분을 산성비에게 빼앗겨 점차 쇠약해진다. 오염물질이 비나 안개로 인해 용해되거나 또는 침전물로서 그대로 강하한 것은 토양 중에 있는 칼슘, 마그네슘, 나트륨 등의 금속이온과 결합하여 중화된다. 이러한 금속은 중화되어 소비되어도 하층의 암반으로부터 새롭게 보급된다. 그러나 그 보급이 한계가 있어 언젠가 그치게 되고 토양의 산성화가 진행되면

산성비를 맞은 은행잎에 괴사반점이 생겼다. 잎을 죽인 산성비는 줄기와 뿌리를 차례차례로 죽인다. 물과 흙이 산성비로 오염된 곳에서는 어떠한 생명체로 살아남을 수 없다.

pH가 낮아져 흙 속의 미생물들이 살 수 없게 되면서 결국 영양부족으로 수목은 약해지고 성장이 중단된다. 토양을 구성하는 주요 암석이 석회암일 경우 탄산음이온이 유입된 수소이온과 결합해 완충작용이 일어나 산성화가 더디게 일어나지만 이온화가 어려운 변성암이나 화성암으로 구성된 토양은 완충작용이 매우 적어 산성비에 민감하다.

산성비에 의한 피해는 유럽 및 북미가 가장 심각한 상태이다. 유럽의 경우는 독일을 중심으로 유럽 전 지역에 미치고 있으며, 중앙유럽의 손상 지역은 700만ha에 달한다고 한다. 네덜란드, 독일, 스위스에서는 삼림 피해 면적이 각각 전 삼림 면적의 50%를 초과하고 있다. 더욱 주목되는 것은 5~10년 전까지만 하여도 건강했던 삼림이 급속히 쇠퇴하고 있다는 사실이다.

독일에서는 1982년에 손상을 입은 삼림이 전 삼림 면적의 8%였던 것이 1983년에는 34%, 1985년에는 55%로 급속히 증가했다. 스위스에서도 근래 침엽수의 손상이 현저하며, 스위스의 국립삼림개발소의 조사 결과 침엽수의 원인은 산성비에 의한 토양의 산성화에 있는 것으로 판명되었다. 체코슬로바키아의 삼림 파괴도 50만ha에 달하고 있으며,

삼림 피해율은 전 삼림의 71%에 이르러 유럽에서 최악의 상태이다. 오염물질의 배출원인 이 두 나라 사이에 끼어 있는 폴란드에서는 삼림의 고사 양상은 거의 파괴적이라고 한다.

또한 미국에서도 최소 25개 주(州) 삼림지대에서 산성비가 관측되고 있는데, 특히 심한 곳이 동북부 뉴햄프셔 주의 화이트 산맥과 애팔레치아 산맥 정상 지역이다. 또한 버몬트 주의 삼림지대에서는 1960년 이래 이끼에 덮인 면적이 50%나 감소하였고, 나무들이 서서히 말라 죽고 있는 실정이다.

생명이 살지 않는 호수의 증가

산성물질이 산성비에 녹거나 섞여 강하하면 최종적으로는 하천과 호수로 흘러든다. 수중에도 알칼리성 물질이 있어서 흘러 들어온 산을 중화시키지만 알카리성 물질이 소진되면 갑자기 산성화가 진행된다.

산성비는 상수도원으로 사용될 지하수나 기타 수역에 금속이온을 용출시키는데 특히 알루미늄 이온은 물을 오염시켜 이 물을 먹은 사람의 뇌신경을 파괴한다고 한다. 산성비에 의한 수원의 알루미늄 농도가 높은 장소일수록 알츠하이머병과 같은 노인성 치매 발생률이 높으며 통계적으로 상관관계가 있다고 한다. 또한 먹이사슬에서 이들 금속 농도를 증가시켜 생물학적 축적을 통해 인체에 대한 해를 끼칠 수 있다.

호수나 하천의 물이 산성비의 영향으로 pH가 낮아지고 산성도가 증가하면 수중의 플랑크톤, 부착조류, 수생동물 등의 종 조성이 바뀌고 단순화하며 다수의 종은 멸종하고 만다. pH가 7 이하로 되어 산성화가 진행되면 호수의 바닥으로부터 금속의 용출이 가속화된다. 특히 pH가 4.5로 되어 알루미늄이 용해하기 시작하면 용해된 알루미늄이 아가미에 붙어 호흡을 방해하거나 어류의 생식기관에 작용하여 번식을 정지시키므로 이 이하로 떨어지면 어류가 전멸되어버린다.

산성비에 의한 수자원의 피해는 북유럽과 미국, 캐나다에서 많이 보고되고 있다. 노르웨이에서는 1,000여 개의 호수가 이미 단 한 마리의 물고기도 살지 않는 죽은 호수로 변했으며 육지의 피해 면적은 3만 3천km²로 국토의 10%에 가깝다.

캐나다에서 산성비가 내리기 시작한 것은 10여 년 전에 불과하지만, 온타리오 주의 3,000개의 호수가 연어나 송어가 자랄 수 없을 정도로 심하게 산성비로 오염되었으며, 퀘벡 주에서도 1,500개의 호수가 죽어가고 있다. 이에 어류가 절멸한 호수, 절멸에 직면한 호수를 따져보면 각각 4%, 15%나 된다고 한다.

스웨덴에서도 10만여 개의 호수 가운데 2만여 개가 산성비로 오염되어 그 중 6,000여 개의 호수는 물고기가 살 수 없는 죽음의 호수로 변했다.

미국에서도 뉴잉글랜드지방의 226개의 제일 큰 담수호 중에서 약 10%가 산성비에 의하여 피해를 받고 있으며, 그 외에도 미네소타, 위스콘신, 플로리다, 캘리포니아 주 등에서도 피해를 받고 있다.

농작물을 키우지 못하는 땅

토양은 보통 호수, 하천 등의 경우보다 산화에 대한 저항력이 강하기 때문에 가시적, 생태학적 장애 없이도 많은 양의 산을 함유할 수 있다.

그러나 산성비에 의한 토양의 산성화도 어느 한계치를 넘으면 급속히 진행된다. 산성화된 물은 토양중의 영양염을 유출시키고 토양생태계의 변화를 일으켜 토양세균들의 생육을 억제해 유기물의 분해와 대기 중 질소의 고정화 속도를 저하시켜서 토양의 생산능력을 떨어뜨린다. 또 토양의 산성화는 금속이온의 용출을 촉진하며 특히 알루미늄과 망간이 용출되면 산성화의 영향은 심각해 뿌리로부터 흡수되어 다른 영양성분들의 흡수를 저해한다.

석탄질을 거의 포함하고 있지 않은 암석으로 이루어진 토양은 산성화가 즉시 발생한다. 다만 토양의 지층이 석탄층일 경우에는 산도의 중화로 말미암아 좀처럼 산성화가 발생하지 않는다. 반면 산성비는 삼림에 영향을 주듯이 농작물이나 식물에도 직접적인 피해를 줄 뿐 아니라, 토양과 호수, 하천의 물을 산성화시켜 농작물의 생산성을 저하시킨다.

우리나라의 산성비

우리나라에 내리는 비의 산성도는 전국 평균 pH5.0인 약산성 비이다. 국립환경연구원은 지난 1999년부터 4년간 전국 29개 지점에서 비의 pH를 측정한 결과 지난 1999년 5.0, 2000년 5.1, 2001년 5.0, 2002년 5.0으로 나타났다. 이는 자연적 중성치인 pH5.6보다 약간 낮은 산성이지만 인체에 영향을 줄 정도는 아니다.

계절별로 보면 봄철에 내리는 비는 증류수보다 약간 낮은 수준인 pH6.0의 약알칼리성을, 겨울비는 포도 수준인 pH4.0의 강산성을 띠고 있다. 봄철에 알칼리성비가 내리는 것은 황사의 알칼리성 토양입자가 비의 산성도를 중화시키기 때문이며 겨울철 산성비의 원인으로는 난방용 보일러에서 배출되는 황산화물과 질소산화물이 영향을 주는 것으로 풀이돼 겨울철 비나 눈은 피해야 한다. 비가 내리기 시작한 후 30분 정도까지는 빗물 산성도가 가장 심하므로 비를 맞지 않는 것이 좋다.

한편 한·중·일 3국간 장거리이동 대기오염물질에 대한 공동연구 결과, 우리나라 대기에서 1년 동안 땅으로 떨어지는 전체 황산화물의 20% 수준인 9만 4천 톤이 중국에서 이동돼온 것으로 파악됐다. 산성비는 섬유제품의 퇴색, 금속의 부식, 문화재 및 건물이나 교량, 각종 구조물의 훼손 등의 피해를 입히고 있다.

산성비 문제를 해결할 수 있는 실질적인 방법은 산성비를 유발하는 오염물질의 생성을 억제하는 것이다. 특히 황이 많이 들어 있는 석탄이나 휘발유의 사용을 줄여야 한다. 삼림보호를 위해 자동차의 매연가스의 양을 줄이고 대체 에너지를 사용하며 대중교통을 많이 이용해야 한다.

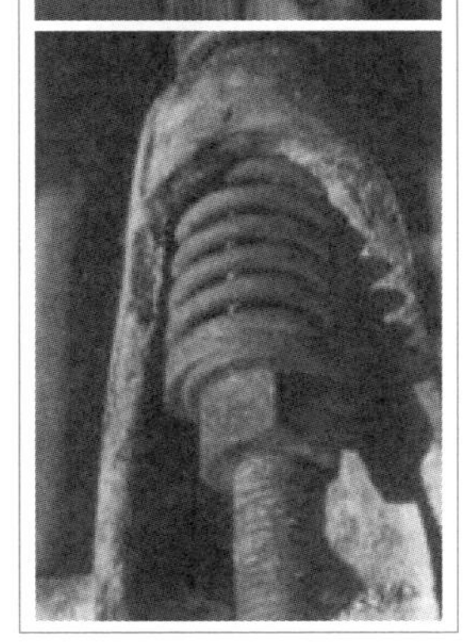

극심한 산성비는 공공 빌딩과 조각상마저 손상시킨다. 손상된 조각상들을 보면 산성비가 얼마나 인체에 치명적인가를 눈으로 확인할 수 있다.

'바다의 사막화'로 불리는 백화현상

이산화탄소를 흡수하는 바다

대기 중의 이산화탄소 농도는 수만 년 동안 280ppm 수준을 유지해 왔으나 산업화 이후 최근 200년 동안에 이 수준을 크게 넘어서 버렸다.

이로 인해 바다는 속병을 앓고 있다. 최근 『사이언스』에 발표된 한 논문에 의하면 지난 200년간 발생한 이산화탄소 2,240억 톤의 48%인 1,180억 톤이 바닷물에 녹아 대기 중의 이산화탄소 농도 증가를 억제해왔다고 한다. 농지나 목장개간 등의 산림 파괴로 생긴 이산화탄소의 양과 산림이 흡수한 이산화탄소 양은 거의 같아 산림이 제거한 바는 미미한 수준임이 밝혀졌다.

결론적으로 보면 인간에 의해 대기중으로 과잉배출된 이산화탄소를 흡수하고 있는 것은 바다라 할 수 있다. 이산화탄소는 바다의 탄산염 이온을 제거해 칼슘과 탄산이온에 의존해 살아가는 식물성플랑크톤의 성장을 저해하고 산호 조개류의 껍질을 녹이는 악영향을 미치고 있다.

해수 중에 용존돼 있는 염 가운데 가장 풍부한 물질은 나트륨염(소금)이고 그 다음이 칼륨염, 마그네슘염이며, 이어서 모든 해양생물의 골격을 이루는 물질인 칼슘이 4번째로 많이 녹아 있다. 해수에서 칼슘은 탄산칼슘($CaCO_3$)이란 화합물로 대부분 존재하게 된다. 탄산칼슘은 해수 중 존재형태에 따라 방해석(Calcite)과 선석(Aragonite)으로 구분된다. 두 물질의 차이는 다같이 탄산칼슘이 주성분이나 방해석은 광물질에 가깝고 선석은 생물의 골격을 이루는 물질로 좀더 무르고 용해도가 방해석에 비해 약 2배라는 것이다. 탄산칼슘은 연안해수의 굴 양식장에서 굴의 껍질을 생산하고 육상으로 버려져 소모되어도 해수에서 이 칼슘의 생물학적인 결핍 현상은 발생하지 않는다.

탄산칼슘은 일반적으로 해수표면에 포화상태로 용해되어 있다. 해수 중 칼슘의 농도는 생물생산과 연관돼 있다. 해수에서 생물생산이 활발히 이루어지면 해수 중의 칼슘이 급격히 소모되므로 백화현상을 억제하는 효과가 있다. 일반적으로 탄소 4원자가 유기물로 생산이 이루어지면 칼슘 1원자가 생물의 골격이나 껍질 등으로 소모된다. 해수의 표층과 저층에서 환경은 판이하게 다른데 수심이 깊어질수록 수온이 낮고 pH는 표층보다 낮아져 산도와 압력이 동시에 증가된다. 이러한 이유로 저층은 탄산칼슘이 용해하기 아주 쉬운 환경으로 표층보다 탄산칼슘이 더 많이 용해될 수 있는 불포화상태에 있다.

그러므로 표층수에서는 탄산이온이나 칼슘이 포화상태로 있으나, 저층수에서는 탄산이온은 불포화상태로 존재하고, 칼슘이온 역시 풍부하지만 불포화상태의 해수가 되는 것이다.

하얗게 변해가는 바다

결국 백화현상이란 칼슘이온이 탄산칼슘으로 환원되는 현상이라 볼 수 있다. 이 과정에는 칼슘이온이 풍부한 해수가 표층 가까이에서 다시 탄산이온과 결합하는 화학작용이 수반된다. 물론 심해수가 위로 솟는 경우에는 위의 반응에서 수온과 해수의 압력이 백화현상을 더욱 촉진하게 된다.

이러한 이유로 해양저 산을 조사해보면 산의 정상부분(표층)에서는 육지 고산의 만년설처럼 탄산칼슘으로 만들어진 눈이 쌓이게 되며 산허리 아래에서는 탄산칼슘의 침전을 볼 수 없게 된다. 다시 말하여 용해된 탄산칼슘은 탄산이온의 포화도수심 이상에서만 다시 용출될 수 있으며 백화현상(탄산칼슘의 용출)은 수온, 압력, pH 그리고 생물생산에 크게 좌우된다. 여기서 한 가지 유의해야 할 점은 저층수는 탄산이온이 불포화상태이지만 용해된 칼슘의 절대량은 표층수보다 더 많이 녹아 있음을 알아야 한다.

또한 대기 중의 이산화탄소 농도가 높아져 식물에 모두 흡수되지 않으면 뿌리를 통해 흘러나와 용존유기탄소를 형성함으로써 생태계를 오염시킨다. 생태계 내의 육상식물의 이산화탄소 흡수 능력은 뚜렷한 한계가 있다.

지구의 보호막 오존층의 파괴

자외선을 걸러주는 필터, 오존층

대기 중에 포함되어 있는 오존의 약 90%는 성층권에 포함되어 있고 나머지 10%는 대류권에 포함되어 있다. 특히 성층권 내에서도 25km 부근에 오존이 밀집되어 있는데 이 층을 '오존층'이라 한다.

성층권의 오존은 산소분자가 태양으로부터 방출되는 강력한 자외선을 받아 두 개의 산소원자로 분해되는데, 이때 발생된 산소원자가 다시 다른 산소분자와 결합하여 만들어진다. 이런 과정을 통해 오존층은 생물체에게 해로운 자외선을 걸러주는 필터의 역할을 한다. 자외선은 파장이 짧아 강한 산화력으로 DNA를 파괴할 수 있고 피부암을 유발한다.

또한 오존층은 태양으로부터 방출되는 자외선을 흡수하므로 지상에 도달하는 강한 자외선을 막아주고 또 성층권 온도를 상승시키는 열 효과를 갖고 있다. 그런 까닭에 오존층 파괴는 생물학적 영향과 기후학적인 영향, 두 측면에서 매우 중요한 문제로 취급된다. 성층권의 온도 분포는 성층권 오존에 의한 태양복사의 흡수량과 대류권의 오존, 이산화탄소 그리고 수증기 등에 의한 대기복사의 배출량 사이에 복사평형으로 유지되고 있다.

남극대륙 하늘에 구멍이 뚫리다

그런데 남극대륙의 영국연구기지에 있던 조 파만이란 과학자가 1970년부터 1984년까지 오존층을 감시하는 위성이 보내온 자료를 분석한 결과 남극대륙 상공의 성층권에서 오존층이 대량으로 파괴되는 것을 발견했다. 미국 캘리포니아 대학의 셔우드 로우랜드와 마리오 모리나 그리고 스웨덴의 파울 크루첸은 1974년 염화불화탄소(CFCs, 일명 프레온가스) 분자들이 오존을 파괴한다는 학설을 과학잡지 『네이처』에 처음 발표했고, 이 사실을 규명한 결과 파괴 과정을 밝혀내 1995년에 노벨화학상을 받았다.

프레온가스는 매우 안정하기 때문에 낮은 대기권에서는 분해되지 않으며 성층권까지 수송된 후 강한 자외선에 의해 분해되어 오존 파괴의 촉매제로 작용하는 염소 분자(Cl)를 방출하게 된다. 염소는 오존과 결합해 산소 원자를 빼앗아 산소 분자로 만든다. 오존을 파괴한 후에도 염소는 재생되므로 하나의 염소 분자는 수천에서 수십만 개의 오존을 파괴할 수 있다. 또한 4염화탄소(carbontetrachloride, CCl_4)와 메틸 클로로포름(Methyl chloroform, CH_3CCl_3)도 성층권 오존을 파괴할 수 있는 염소 분자를 포함하고 있으며, 브롬(Bromine)을 함유한 할론 (Halon)은 염소보다 약 10배 가까이 오존을 파괴하며 남극 오존 파괴 에 약 20% 기여하는 것으로 알려져 있다.

실험에 의하면 오존전량이 15% 감소할 때 고도 약 40km의 층에서 는 오존 농도가 약 40% 감소하며, 오존 감소량은 고도에 따라 다르다 는 것이 밝혀졌다. 이에 따라 온도도 고도에 따라 10도까지 감소된다고 추산된다. 성층권의 온도 분포는 대기 대순환과 밀접한 관계를 갖고 있 기 때문에 성층권 오존 감소에 따른 온도변화는 기존 대기 대순환을 바 꾸게 하여 지구 기후도 달라진다. 또한 성층권 오존층 파괴로 인한 지 상의 자외선 증가는 대류권의 오존량을 증가시켜 도시지역에 광화학 스모그 발생을 촉진시킨다. 한편 오존층 파괴 물질 중 CFC-11, CFC-12 는 지표면으로부터 대기 중으로 방출되는 8-12μm 스펙트럼대의 장파 복사에 대한 강력한 흡수기체로서, 온실기체로 작용하여 지구온난화 에 14% 정도 기여하고 있다.

사라진 오존층의 피해

성층권 내에 존재하는 오존은 태양으로부터 방출되는 자외선을 흡 수해 지구의 생명체를 자외선의 피해로부터 보호해준다. 오존층 파괴 현상에 의해 태양으로부터 지구에 도달하는 자외선인 UV-B(280- 320nm)는 인체의 피부와 눈에 해로우며 면역체와 비타민D의 합성에 악영향을 끼치는 것으로 밝혀졌다. 특히 290nm의 파장에서는 돌연변이와 피부종양을 일으키는 원인 물질의 생성율이 330nm의 파장에서보다 1,000배나 더 많다. 보통 성층권의 오존 농도가 1% 감소하면 UV-B의 양은 2% 증가하고 피부암의 발생률은 약 4% 증가하며, 백내장은 0.6% 증가해 시력을 잃는 사람이 매년 10만 명 이상 많아진다. 또한 과도한 자외선 노출은 인체의 면역기능을 저하시켜 폐결핵 등 전염병의 예방이 어렵게 된다. 이 밖에도 UV-B가 증가할 경우 해양계에서 먹이 사슬의 중요한 역할을 맡고 있는 플랑크톤의 증식이 줄어들어 해양의 먹이 사슬이 파괴되며, 육상식물의 개화 장애 및 잎 크기 감소 등으로 결국 돌연변이가 발생하거나 농산물의 수확이 감소하게 된다.

지표면에서의 오존은 산화력이 매우 강해 생물세포막을 산화시켜 인간을 포함한 대부분의 생명체들의 건강에 매우 해로운 물질이다. 세포의 호흡을 관장하는 미토콘드리아의 막을 비롯한 지방과 탄수화물, 단백질들이 산화로 인해 파괴되어 기능을 잃으면서 노화되거나 만성병에 걸리게 된다. 특히 도시에서의 직접적인 오존의 호흡은 폐의 세포를 망가뜨려 폐활량을 감소시키는 등 호흡기 질환의 직접적인 원인이 된다.

여름에 무더운 날이 계속되면 서울을 비롯한 대도시에서는 여기저기서 오존주의보가 내려진다. 오존은 산화질소 등의 대기오염물질이 높은 햇빛의 자외선과 반응하여 만들어지는 것으로 자동차 배기가스가 주된 원인이다. 코나 혀를 자극하는 냄새가 특징이며 보통 0.05-0.1ppm이면 불쾌한 냄새를 맡을 수 있다. 대기 중 오존 농도가 높아지면 기

우리는 중국의 산업화를 우려의 눈으로 바라보고 있다. 자동차 배기가스와 황사로 위협받는 서울의 대기는 더 이상 안전하지 않다. 자정작용을 거치지 않는 대기에는 숲도 사람도 살 수 없을 것이다.

침, 두통, 피로, 숨 막힘 등의 증상이 나타나고 호흡기 감염에 잘 걸리게 된다.

우리나라의 오존관련 환경기준은 연간 평균치가 0.02ppm 이하, 1시간 평균치는 0.1ppm 이하인데 1년 동안 세 번 이상 넘으면 안 되고 1시간 평균치가 0.12ppm 이상이면 오존주의보가 발효된다. 오존은 기관지를 자극하므로 목구멍이 따끔거리는 증상과 기침이 나고 가슴이 답답한 느낌이 생길 수 있다. 오존에 오랫동안 노출되면 폐기능이 나빠지므로 실외활동을 할 때 숨이 얕아지고 가빠진다. 특히 오존 농도가 높아지면 천식 환자는 더욱 예민해지기 때문에 천식 발작이 자주 일어난다. 뿐만 아니라 기관지 천식 환자는 건강한 사람보다 오존에 의한 증상을 심하게 느끼며 폐 기능도 많이 나빠진다. 폐기종이나 만성 기관지염과 같은 만성 폐쇄성폐질환이 있는 사람도 오존에 의해 증상이 더 심해질 수 있다.

오존층 파괴를 막는 「몬트리올 의정서」의 발효

1989년엔 드디어 오존층을 파괴하는 프레온 등 염화불화탄소 (CFCs)의 사용을 규제하는 「몬트리올 의정서」가 발효되었고 1997년부터는 선진국에서의 생산이 전면금지되었다. 2002년에는 오존 구멍이 눈에 띄게 줄어들었으나 다음해 다시 넓어져 사람들을 실망시켰다. 현재 매년 9월을 전후해 남극 상공에는 엄청난 크기의 오존 구멍이 생겨났다 사라지기를 반복하고 있으며 북반구에서도 엷어진 오존층이 회복되지 않고 있다. 유럽 등 북반구 중위도지방에서는 성층권 오존 농도가 10년마다 4%씩 줄었고 자외선 양은 2020년까지 계속 증가해 80년에 비해 10% 정도 늘어날 것으로 예측되고 있다. 그러나 여러 나라들이 몬트리올 의정서 결정사항을 준수한다 해도 프레온가스가 대기 중에서 사라지고 파괴된 오존층이 원상태로 회복되려면 적어도 70년은 지나야 한다.

생태계 파괴를 부르는 지구온난화

지구온난화는 기후에 영향을 주면서 생태계의 구성과 분포를 바꾸어놓을 것이다. 물의 대순환을 촉진시켜 수자원의 분포와 흐름에 큰 변화를 주고 이것은 곧 생태계에 작용하여 식물의 성장과 농작물 작황에도 영향을 미친다. 이에 따라 식량생산, 보건, 관광 등 사람의 생활과 문화에 많은 나쁜 영향을 미칠 수 있다. 더구나 해수면을 상승시켜 해안도시를 물에 잠기게 해 수십억의 이재민이 발생하는 등 대재난을 야기할 수도 있다. 일부 국가는 식량부족으로 국민의 영양상태가 악화될 것이며 깨끗한 물의 부족 또한 국민보건과 위생에 치명적 요인으로 작용할 것이다.

결국 지구온난화로 인한 피해는 그에 대한 적응이 취약한 개발도

「21세기 SRES 시나리오」에 의한 지구의 주요 인자변화 추정

연도	세계인구 (10억 명)	총GDP (10조 달러)	지표면 오존 농도 (ppm)	CO_2 농도 (ppm)	지표 온도 상승 (℃)	해수면 상승 (cm)
1990	5.3	21	–	354	0	0
2000	6.1	25–28	40	367	0.2	2
2050	8.4–11.3	59–187	–60	463–623	0.8–2.6	5–32
2100	7.0–15.1	197–550	>70	78–1,099	1.4–5.8	9–88

상국이 선진국보다 심각한 영향을 받게 될 것으로 예견된다. 「21세기 SRES 시나리오」는 지구 규모의 주요 인자들이 인구증가나 경제성장으로 다음 세기에 어떻게 변할 것인가를 보여준다.

생존의 터전이 흔들리고 있다

지구온난화는 단기적으로는 작물의 광합성과 성장률을 촉진시켜 생산성을 증진시키는 긍정적인 효과가 있다고 생각될 수 있으나 전체적으로 기후체제를 변화시켜 토양 중 유기물 함량을 감소시키고 토양을 황폐화시키는 부정적인 효과가 크다. 이로 인해 이미 기아와 빈곤으로 어려움을 겪고 있는 열대지역의 국가들은 생산성이 더욱 저하돼 어려움이 가중될 것으로 전망된다.

다시 말해 대기 중 이산화탄소 농도가 증가하면 800ppm 부근까지는 대체로 광합성속도가 증가하며 작물의 수확량은 비료, 농약 등을 충분히 사용할 경우 10–40%까지 늘어날 것으로 예상된다. 그러나

동시에 고온 건조에 의한 수확량의 급격한 감소가 일어날 것이 예상
되므로 이산화탄소 증가에 의한 비료화 효과로 보충되기는 힘들 것으
로 생각된다. 또한 온도 상승으로 미생물들의 활동이 활성화되면 토
양의 유기물분해가 촉진되어 토양의 질이 크게 떨어질 수 있다. 이러
한 상황은 최근 중국에서 일어나고 있는 것처럼 결국 산업화나 도시
화로 인한 영향과 함께 사막의 확장을 초래해 인간의 생활환경은 점
점 악화될 것이다.

월드워치연구소 통계자료에 따르면 만일 앞으로도 지금처럼 기상
이변이 계속될 경우 중국의 식량생산은 2050년에 가면 80%까지 감소
될 수 있다고 한다. 더욱이 2020년 이후 세계의 대부분의 빙하가 녹으
면 인류는 심각한 식량위기를 맞게되는데 이는 만년설에 의지해 사는
인구가 10억 명에 달하기 때문이다.

지구 식생의 너무 빠른 변화

지구 온도가 1도 상승하면 현재의 식생은 북방으로 160km, 수직으
로 150m가량 위로 이동해 생물군계의 지리적 분포가 바뀌게 될 것이
다. 앞으로 1세기 안에 지구 평균기온이 2-5도 상승할 것으로 예측되
며 이에 따라 현재의 식생이 북쪽으로 320-800km 이동할 것으로 예상
된다. 이것은 과거 몇 만 년에 걸쳐서 일어난 것에 비하면 아주 짧은 기
간에 진행되는 것이므로 식생이 적응할 수 있을지가 심각한 문제이다.

북반구에서는 연간 강수량이 10% 정도 증가해 고온 다습한 환경
으로 바뀌면서 질병이 잦아지고 해충이나 잡초들이 쉽게 번성할 것이

다. 큰 비가 좁은 지역에 내리는 집중호우가 다발할 것으로 예상되며 이것은 토양침식을 촉진시키고 수자원의 이용효율을 떨어뜨릴 것이다.

이미 몇 년 전부터 우리나라에서도 게릴라성 호우가 여름마다 되풀이되는 실정이며 2002년 강릉에는 1년에 내릴 강수량이 하루에 쏟아져 도시 전체가 물에 잠겨 수십만의 이재민이 생기는 등 커다란 홍수 피해를 내고 있다. 지구온난화로 50년 내에 2-3도, 100년 내에 4-6도가 상승하면 공기가 함유할 수 있는 수증기량이 12-40% 증가하므로 수자원확보에 도움이 되리라 생각할 수도 있다. 그러나 집중호우형의 비가 잦아지면서 적도 부근의 강수량은 증가한 반면 아열대에서 중위도까지는 오히려 감소하는 경향을 보인다. 이에 따라 현재 곡창지대가 서서히 반 건조지대로 되면서 농업생산력은 오히려 떨어질 수 있다.

산림 파괴와 지구온난화의 악순환

농작물과 더불어 지구온난화에 가장 크게 영향을 받는 산림의 경우 온난화의 영향으로 수목의 분포가 북쪽으로 이동하거나 생산성이 저하될 수 있다. 주로 중남미, 아프리카, 동남아시아에 분포하는 열대림은 지구 삼림 총 면적의 44%를 차지하고 있다. 이들은, 지구 규모의 환경 보전 조절 기능을 지니면서, 전 세계 생물 종의 반 이상이 서식하는 보고임과 동시에 온난화의 원인이 되는 이산화탄소의 흡수원으로서 역할도 크다. FAO(유엔 식량 농업 기구)의 조사 결과에 의하면 전 세계의 열대림은 1980년 이후 연평균 1000-1500만ha씩 감소해왔다.

열대림의 감소 원인으로는 열대지역의 인구 증가, 과다한 화전 이

중국의 사막화 현상이 아주 심각하다. 2001년 말 중국의 사막화 면적은 남한 면적의 17배를 넘는 174만 3,100km² 정도라고 한다. 더욱 심각한 점은 중국의 사막화가 갈수록 더욱 빠르게 진행되고 있다는 것이다.

열대림의 감소 원인은 열대지역의 인구 증가, 과다한 화전 경작, 과도한 방목, 화재, 선진국에 의한 상업용 벌채 등이다. 지구온난화를 억제하기 위해서 많은 삼림이 필요하지만 일부 국가는 생존을 위해서 벌목을 해야하는 모순에 직면해 있다.

동 경작, 과도한 방목, 화재, 선진국에 의한 상업용 벌채 등이 복잡하게 얽혀 있는데, 그 중에서도 가장 큰 원인은 화전 이동 경작으로 특히 남미, 아프리카 및 동남아시아 등에서 심각한 실정이다. 열대림 감소로 인해 토양의 비옥도가 저하되고 홍수가 발생하며 생물 종이 감소되고 기후 완화 능력도 저하된다. 더구나 이산화탄소 방출량의 증가로 인해 온난화를 가속화시킬 것이다. 현재 삼림 파괴로 인해 일어나는 이산화탄소 배출량은 탄소를 기준으로 10-26억 톤에 달하며, 이 중 90%가 열대림에서 방출되며 화석연료의 연소에 의한 배출량의 30-50%에 달하는 것으로 알려지고 있다.

개발도상국의 빈곤, 인구 증가가 삼림 파괴의 배경이 되기 때문에 개발도상국의 입장에서는 지속 가능한 열대림 관리 시스템을 조기에 확립하는 것이 필요하다. 열대 목재의 생산국과 소비국의 협력에 의한 삼림의 보전이 이루어져야 한다.

우리나라도 2100년경에는 현재보다 기온이 3-5도까지 상승하고 강수량도 증가해 한반도에서 산불, 산사태 같은 직접적인 기상재해나 수목병해충 피해가 확대될 것으로 예상된다. 연평균 온도가 2도만 상승해도 현재 남부해안지역에 국한되고 있는 동백나무가 서울을 포함한 중부지역까지 확대된다. 온대림은 북상하거나 표고가 높은 산지로 이동하고 산지 정상부근에 있는 아고산 침엽수림은 축소될 것이다. 따라서 적절한 시기에 수종을 바꾸지 않으면 산림생산성이 크게 저하될 수 있으므로 기후변화에 따른 조림수종선정과 육림기술의 체계를 재정립해야 할 것이다. 푸사리움가지마름병이나 대벌래류 같은 산림병해충의 확산도 가속될 것이다. 일본의 소나무들을 다 고사시킨 소나무에이즈라 불리우는 소나무재선충병을 매개하는 솔수염하늘소의 분포는 아직은 남부지역에 국한되어 있으나 내륙으로 북상할 것이다.

해양 생태계가 무너지고 있다

한편 지구온난화는 해류의 흐름뿐만 아니라 해양 생태계에도 영향을 미친다. 해양은 육상에 비해 변화의 속도나 변화폭이 적은 안정된 환경이기 때문에 해양 생물들은 급격한 환경변화에 매우 취약하다. 따라서 작은 플랑크톤에서 최상위 포식자인 어류까지 환경변화에 매우 민감하게 영향을 받을 수 있다. 북태평양의 경우 지구온난화에 따라 아열대권 어종의 번성과 아한대권 어종의 쇠퇴가 가장 뚜렷하게 나타날 것으로 예측된다. 특히 베링 해에 서식하고 있는 대구, 명태 등은 바닷물 온도의 상승으로 서식지와 산란장이 크게 줄고 있다. 이 외에도 냉수성 어종인 가자미, 알라스카 새우 등이 서식지 및 어획량 감소가 예상되는 반면 온수성 어족인 다랑어의 서식지는 확대될 것으로 전망된다. 우리나라의 동해 어장에서는 주요 어족이었던 명태가 거의 사라졌고 남해에서 잡히던 멸치는 북상 중이며 서남해안에서는 열대성 어족인 식인상어가 출몰해 수영객을 위협하고 있다. 최근에는 여름이 되면 독성이 강한 열대성 대형 해파리들이 양식장을 망쳐놓기도 했다.

여름만 되면 연례행사처럼 발생해 어업에 커다란 피해를 주는 적조 현상도 해수 온도 상승과 '부영양화'에 의해 촉진된다. 부영양화란 물속에 인이나 질소 같은 무기영양염류가 풍부한 상태를 말하며 도시화에 의해 늘어난 가정의 오폐수나 가축분뇨가 가장 큰 원인이다. 적조는 식물성 편모조류인 코크로디니움이 활발한 광합성으로 폭발적으로 증식하는 현상으로, 코크로디니움은 곧 죽게 되는데 이것이 미생물들에 의해 부패되면서 물속의 산소를 대량으로 소비하여 산소결핍으로 인한 어패류의 대량 폐사를 초래한다. 또한 코크로디니움은 독성이 강한 독소를 형성해 주변의 생태계까지 파괴시킨다.

한편 해수면이 상승되면 해안에 염수의 침입이 예상돼 농업이나 생활에 필요한 용수를 구하기가 어려워져 농업의 기반을 위협할 것이다.

적조는 식물성 편모조류인 코크로디니움이 활발한 광합성을 통해 폭발적으로 증식하는 현상으로, 코크로디니움은 팽창과 더불어 죽게 되는데 이것이 미생물들에 의해 부패되면서 물속의 산소를 대량으로 소비하여 어패류의 대량 폐사를 초래한다. 이 적조현상은 어업에 커다른 피해를 가져온다.

근래에 들어서 우리나라 연안의 해수면 온도가 지속적으로 상승하는 것이 관찰돼 우리나라 기후도 아열대화하고 있음을 알 수 있다. 겨울철 해수면 온도는 상승하고 여름철 해수면 온도는 하락하면서 계절에 따른 해수면 연중 온도편차도 계속 줄고 있다. 해수온이 상승하면서 바닷속 용존산소량도 감소해 백화현상의 확산과 더불어 우리나라 연근해는 생물이 살기 어려운 환경으로 변하고 있다.

인간 생명을 위협하는 지구온난화

지구온난화는 인간의 건강에도 영향을 미치게 된다. 대기 온도가 상승하면 심폐기관의 질병 유발을 높이며, 중장기적으로는 변화된 생태계의 영향으로 숲 등 천연자원에의 접근이 어려워져 기아, 천식, 알레르기 등 질병 감염률이 높아질 수 있다. 한대지역의 경우 기온상승으로 인해 한대지역 특유의 질병은 감소하나 전체적으로 사망률과 질병의 증가가 예상된다.

여름철 기온이 높아지면 체온조절이 잘 안 되는 고령자나 환자들은 열사병에 걸리기 쉽다. 2003년 유럽에서는 기록적인 더위로 2만여 명이 죽는 대참사가 발생했는데 대부분의 희생자들은 노인이었다. 주변기온이 33도가 넘으면 심장병이나 폐병으로 죽는 환자들이 크게 늘어나는데 65세 이상의 노인들이 주로 희생된다. 특히 40도가 넘는 열파가 휩쓴 프랑스 남부에서 바캉스철에 집에서 거주하던 노인들이 주된 피해자들이었다. 최고기온이 35도가 넘는 날이 연속 5일 이상 계속되면 이것을 열파(heat wave)라고 부르는데 열파가 작물의 개화기에

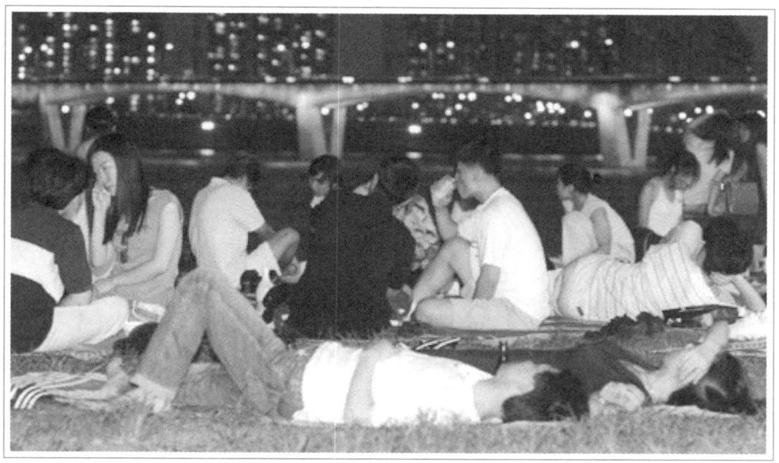

콘크리트와 아스팔트로 둘러싸인 도시는 낮 동안에 흡수한 열을 밤에 방출하고 토지의 수분증발이 원활히 일어나지 못해 열섬 현상이 나타난다. 열섬 현상이 나타나면 밤 기온이 25도를 웃도는 열대야가 생겨 인간 활동에 피해를 준다.

발생하면 곡물수확량이 크게 줄며 가축이나 가금류가 떼죽음을 당하는 등 직접적인 피해로 나타난다. 동물실험에 의하면 열파가 일어날 경우 혈액 중의 백혈구가 감소하고 병원균에 대한 면역력이 크게 떨어지므로 전염병이 돌 수 있다. 이상고온 현상은 가뭄뿐 아니라 산불의 위험도 더 증가시키고 수자원의 양과 질도 악화시킨다.

한편 콘크리트와 아스팔트로 둘러싸인 도시는 낮 동안에 흡수한 열을 밤에 방출하고 토지의 수분증발을 원활히 하지 못한다. 열섬 현상이 생겨 밤 기온이 25도를 웃도는 열대야가 생기는 등 우리나라 서울은 열대야가 나타나는 빈도가 매년 증가해 아열대성으로 기후가 급변하고 있지 않나 우려될 정도이다.

기후변화는 전염병을 예고한다

기후변화의 진짜 위협은 대규모 강풍, 홍수, 가뭄보다는 질병일 수도 있다. 지금보다 덥고 습하면 사망자가 증가하고 콜레라가 창궐하며 학질, 황열병, 뎅기열 발생이 증가할 것이다. 기온이 상승하면 걱정되는 것 중의 하나가 모기 같은 곤충이 매개하는 질병의 증가이다. 모기들의 부화가 촉진되는 30-32도 정도에서는 유충발육시간이 짧아지면서 개체수가 크게 증가한다. 그러나 34도 이상에서는 고온이 곤충들의 생육에 오히려 부정적인 것으로 관찰되고 있다. 세계인구의 1/3이 살고 있는 말라리아 위험지역에서는 매년 4-5억 명이 감염되고 100만-200만 명이 사망하고 있다. 온난화가 계속되면 그간 저온으로 말라리아가 나타나지 않았던 지역으로까지 확산될 가능성이 크다. 이외에 콜레라, 이질, 파라티푸스 등의 음식이나 물을 매개로 퍼지는 전염병도 기온상승으로 유기물의 부패가 가속되면서 유행할 수 있다.

한편, 세계화로 인한 빈번한 교류로 에이즈를 비롯해 SARS, 조류독감으로 대표되는 신종 전염병들이 인류 전체를 위협하고 있다. 변종 인플루엔자는 기존의 바이러스와 유전자 구조가 절반 이상 다르며 중국의 조류에서 감염이 시작됐다. 인플루엔자의 유행으로 1918년 스페인에서 4,000만 명, 1957년 중국에서 100만 명, 1968년 홍콩에서 70만 명이 사망했으며 그 계보를 조류독감이 잇고 있다. 최근 조류독감이 사람과 사람 사이에도 전염돼 사망하는 일이 확인되었는데 인류는 조류독감 확산에 대한 철저한 대비를 해야 한다. 만일 다시 한번 스페인 독감 같은 유형의 인플루엔자가 발생한다면 지구촌 세계화가 전염병의 확산을 촉진시켜 수 내지 수십억 명이 사망할 수도 있다.

뿐만 아니라 1976년 아프리카 수단과 자이르에서 발생한 에볼라 바이러스는 90%의 치사율로 397명의 목숨을 빼앗아갔으며 그 후에도 자이르와 필리핀, 미국 등지에서 이 바이러스가 발견돼 세계를 경악케 했다. 2000년대에 들어서 방글라데시에서 발생한 니파바이러스로 인해 말레이시아와 싱가포르의 도축인부 105명이 숨졌다. 이외에도 치명적인 웨스트나일 바이러스, 폐증후군을 보이는 한타바이러스도 가축이나 야생동물을 매개로 인류를 넘보고 있다.

한편, 항생제 내성균과 신종세균의 치명성은 갈수록 맹위를 떨치고 있다. 항생제 남용으로 우리나라의 경우 폐렴구균 내성률이 70%, 메치실린 내성 포도상구균(MRSA) 내성률은 80%로 세계최고 수준이다. 부산이나 마산 등 한반도 동남부 지역에서는 어린이 놀이터의 모래에서도 MRSA 포자가 발견되었으며 약 4만 명에 이르는 어린 아이와 노인들이 이 병원균에 감염돼 치료가 불가능한 것으로 파악되고 있다.

이집트문명을 멸망시킨 '물 부족'의 재현

생명의 근원, 물

지구에 있는 물은 특유의 화학적 성질 때문에 생물이 살기에 매우 적합한 환경을 만들어주는 귀중한 물질이다. 물은 온도에 따라 기체인 수증기, 액체인 물, 고체인 얼음으로 존재하며 태양의 복사열을 받아들여 지표면에서 끊임없이 순환하고 있다. 또한 구조상 극성이 매우 커 분자끼리 수소결합으로 강하게 붙어 있어 증발시킬 때 이들 분자끼리의 결합을 떼어내는 데 필요한 증발잠열이 매우 높다(증발잠열이란 온도는 변하지 않고 물이 수증기로 변하는데 필요한 열량으로 100도에서 539Kcal/g이다).

또한 물은 극성이 높아 온갖 물질들을 녹일 수 있어서 생명체들의 신진대사가 활발하게 일어날 수 있도록 용매의 역할을 한다. 분자량에 비해 매우 높은 융점과 비점을 가지므로 상온에서 액체로 존재할 수 있다. 이러한 물의 특수한 성질로 인해 지구 표면의 온도변화가 작게 일어나 일정한 범위 내에서 생물이 살 수 있는 기온이 유지되는 것이다. 그러나 물이 없는 사막에서는 밤과 낮의 온도 편차가 매우 크다.

물은 지표상의 70%를 차지하므로 지구는 물의 행성이라고 불릴 정도로 물이 많지만 실제로 산업화 이후 인간의 과도한 생산 활동으로 인하여 수질오염이나 사막화가 초래됐다. 지구 곳곳에서 물 부족 때문에 사람들뿐만 아니라 다른 많은 생명체들이 위기에 처해 있다. 아프리카의 수단, 차드, 에티오피아에선 오랫동안 계속된 가뭄으로 전 인구의 20%가 기아의 위기에 처해 있다.

물의 순환

물의 순환은 지표면에서의 물이 증발되어 높은 하늘로 올라가 구름 입자가 되고 비나 눈으로 다시 지표면으로 돌아옴으로써 이루어진다. 지구 표면에 내리쬐는 태양 에너지의 1/4이 물의 증발에 이용되고 있다. 생태계의 생산자인 식물체들은 물을 흡수해 이용하고 다시 증산작용으로 잎의 표면에서 증발시킨다.

어느 한 지역에서의 강수량은 그 지역의 공기가 품고 있는 수증기량에 따라 강수량이 결정된다. 기온이 낮은 초겨울이나 이른 봄에는 보슬비가 내리지만 대기의 기온이 높은 여름철에는 폭우가 내리는데 이것은 온도가 높으면 대기가 수증기를 많이 품을 수 있기 때문이다. 섭씨 0도

아프리카의 수단, 차드, 에티오피아에서는 오랫동안 계속된 가뭄으로 전 인구의 20%가 기아의 위기에 처해 있다. 지구는 지표상의 70%를 물이 차지하므로 물의 행성이라고 불릴 정도로 물이 많지만 산업화 이후 인간의 과도한 생산 활동으로 사막화가 초래됐다.

에서 m³당 5g도 안 되던 포화수증기밀도는 10도에서 9.4g, 30도에서는 30.4g이 되어 무려 6배 이상이나 수증기를 많이 함유할 수 있게 된다.

지구온난화로 지표기온이 2050년경에 2-3도, 2100년경에 4-6도가 높아지면 대기가 함유할 수 있는 수증기량은 12.4% 증가하고 이에 따라 강수량도 10-20% 이상 증가할 것으로 보인다. 강수량이 많아지면 농작물의 생육과 수자원 확보에 도움이 될 것으로 생각되나 그 반대가 될 가능성이 더 크다. 게릴라성 폭우 같은 집중호우로 내릴 가능성이 더 커지기 때문이다.

온난화가 진행되면서 우리나라에도 아열대성 집중호우의 빈도가 점점 높아져 정작 농작물의 작황을 위해 물이 필요한 봄에는 비가 거의 안 오고 여름에 며칠 만에 한꺼번에 다 내리는 경향이 커지고 있다. 이렇게 되면 홍수를 일으켜 과량의 물이 오히려 토양의 양분을 빼앗아 토질을 떨어뜨릴 뿐만 아니라 비가 안 오는 날에는 증발량이 많아져 토양이 건조해지면서 식물이 필요한 물을 공급할 수 없게 된다.

이집트문명을 멸망시킨 물 부족

최근 고고학자들이 연구한 결과 세계 7대 불가사의의 하나인 피라미드나 스핑크스 등을 남긴 수준 높은 이집트문명이 멸망한 원인이 물 부족 때문이었다고 한다. 4,500년 전 거대한 화산 폭발로 하늘이 먼지로 뒤덮이면서 햇빛이 차단돼 가뭄과 한발이 몇 년간 계속되자 생태계 파괴로 인해 식물들이 성장을 멈추었다. 최근 피라미드 내 벽화에서 발견된 상형문자에는 이렇게 기상재해로 먹을 것이 사라지자 사람들이 인육을 먹는 등 지옥 같은 생활이 계속되고 있다는 절규가 새겨져 있다.

물 부족 국가, 대한민국

지구상의 물은 $1,387 \times 10^6 km^3$이지만 이 중 담수는 2.53%밖에 안 된다. 이 적은 양의 담수 중 70%는 남극과 북극 및 고산지대에 빙하로 존재한다. 물수요의 대부분은 $2,000 km^3$의 저장량을 갖는 하천을 통해 공급되는데 현재 세계에서 이용되고 있는 하천수의 총량은 $3,500 km^3$에 달한다. 하천수는 물의 순환으로 빠르게 교체되므로 평균 체류시간이 20일이고 실제 인류가 이용할 수 있는 하천수의 양은 연간 약 4만

지구상의 물의 순환

	존재수량(조 톤)	평균체류시간(년)	증발산량(조 톤/년)	강수량(조 톤/년)
해 양	1,350,000	3,000	449	403
호 수	219	400	0.4	0.6
토 양	15	0.14	1.8	106
식 물	3	0.05	60	60
지하수	9,000	1,000	60	9
대 기	13	0.025	9	—

(Kuroda et al, 1996)

km³이다. 이러한 수치로 볼 때 수자원량이 충분할 것으로 생각될 수 있지만 지역에 따라 물의 수요가 다르고 강수가 골고루 일어나지 않으며 수질오염으로 이용 가능한 수원이 점점 감소하고 있다. 이 때문에 일부 도시지역이나 사막 등 건조지역에서는 수자원의 안정적 확보가 점점 어려워지고 있다.

우리나라도 물 부족 국가에 속한다. 우리나라 연평균 강수량은 1,274mm로 세계 연평균 강수량 973mm와 비교하면 1.3배로 조금 풍부한 편이다. 그러나 땅에 떨어지는 비의 45%는 증발하거나 땅속으로 스며들고, 50% 이상이 홍수로 한꺼번에 흘러가 버리므로 강에 흐르는 물은 아주 적은 양에 불과하다. 더욱이 우리나라는 국토가 좁고 인구 밀도가 높아 강수량을 국토 면적과 인구에 대비하여 볼 때, 연간 1인당 강수량은 2,755톤으로 세계 평균인 22,096톤과 비교할 경우 12.5% 정도밖에 안 된다.

　우리나라의 활용 가능한 수자원량은 630억 톤으로, 국민 한 사람 몫으로 환산해보면 1인당 1,452톤이 되어 주기적으로 물이 부족한 1인당 1,700톤 미만의 물 부족 국가에 해당된다. 한 사람이 쓸 수 있는 물이 1,000톤 미만인 물 기근 국가는 20개국이고, 물 부족 국가군에 해당하는 나라는 8개국에 불과하다. 나머지 120개국은 물 걱정이 없는 나라이고 보면 우리나라는 세계에서도 손꼽히게 물 부족 국가다. 유엔은 이미 10여 년 전부터 우리나라를 물 부족 국가로 분류했다.

섬이 가라앉고 있다

해안이 위협받고 있다

세계지도를 주의 깊게 관찰해보면 대부분 주요 도시가 바다나 하천을 끼고 있어 인간사회가 해양에 의해 운명이 좌우된다는 사실을 확인할 수 있다. 해양과 육지의 경계인 해안지역은 토지의 크기, 삼각주와 강어귀의 경제 및 생태적인 생산력, 항구와 만의 형태와 담수의 조건 등을 포함하는 많은 문제들에 결정적인 역할을 한다. 이러한 해안이 지구온난화로 인한 해수면의 상승으로 위협을 받고 있다.

오늘날 사람들에 의해 초래된 지구온난화는 두 가지 이유로 해수면을 높인다. 하나는 수온 상승에 의한 해수의 부피 팽창이고 다른 하나는 빙하, 만년설이 녹아내린 물이 바다로 유입되면서 야기된 전체수량의 증가이다.

남극 빙하가 완전히 붕괴되어 녹아버린다면 세계적으로 해수 평균 수위가 60m 이상 상승된다. 22세기 초까지 가장 녹기 쉬운 빙하는 남극 서부에 있는 빙하이다. 육지에 기초를 두고 있는 그린란드나 남극 동부의 빙하와는 달리 남극 서부의 빙하는 해저산맥에 그 뿌리를 두고 있어 상대적으로 불안정하다. 열팽창으로 해수면 상승이 어느 정도 일어나면 이 지역의 빙하들은 그 뿌리에서 떨어져 나와 자유롭게 될 수 있다. 이 지역의 여름 기온은 평균 영하 5도이다. 그러므로 5도의 기온 상승이 일어나면 이 거대한 빙하는 붕괴되기 시작할 것이다. 온실효과로 이 지역 빙하를 모두 녹이려면 200~500년이 걸릴 것이며 이로 인해 6m의 해수면 상승이 일어날 수 있다.

해수면이 얼마나 빠른 속도로 상승할 것인가

지질학적으로 볼 때 해양과 육지의 경계는 계속 변한다. 지구의 기온은 10만 년을 주기로 상승과 하락을 거듭함으로써 빙하의 생성과 용해를 초래해 육지와 바다와의 경계면을 끊임없이 변화시키고 있다. 그러나 전 인류 역사를 봐도 해수면의 변화는 워낙 천천히 진행되었기 때문에 인류는 비교적 안정된 사회발전을 이룰 수 있었다. 그러나 최근 지구의 기온상승은 이러한 상황을 급변시키고 있다.

지구온난화에 따른 지구 표층수의 팽창과 고산지대 및 극지대의 눈과 빙하의 급격한 용해로 인해 해수면 변화는 가속화될 것이다. 해수면 상승이 진행될 경우 연안국가가 입을 경제적 · 환경적 손실은 매

지금도 남극의 빙하는 녹고 있다. 남극 빙하가 완전히 붕괴되어 녹아버린다면 세계적으로 해수 평균수위가 60m 이상 상승된다. 22세기 초까지 가장 녹기 쉬운 빙하는 남극 서부에 있는 빙하로 알려져 있다.

우 다양한 형태로 나타날 것이다. 또한 한 가지 분명한 사실은 가난한 국가든 부유한 국가든 모든 연안국가가 피해를 받게 된다는 점이다. 몇 몇 지역에서의 상대해수면 상승은 이미 급속히 일어나고 있다. 이집트, 태국 그리고 미국은 작은 규모의 지구 평균해수면 상승에도 불구하고 그들 연안지역에 토지침식이 광범위하게 일어나고 있는데 이것은 대규모의 토지손실을 보고 있는 많은 나라들 중 일부 예에 불과하다. 세계에서 30개국만이 내륙국가임을 감안할 때 대부분의 국가가 해수면 상승으로 인한 영향을 받을 것이라고 경고하고 있다. 미국의 환경보호청(EPA)은 2100년에는 기온상승으로 인한 해수면 상승이 모든 지역에 걸쳐 0.5-2m에 이를 것이라고 추정하고 있다. 이러한 해수면의 상승은 해안선 지도를 변화시키며 저지대 및 군소도서국의 수몰을 유발할 것이다.

홍수의 위험 속에서 사는 사람들

세계적으로 4,600만 명이 홍수의 위험 속에 살고 있다. 지금의 추세로 봐서 50년 안에 해수위가 적어도 30cm 상승할 것이고 이렇게 되면 미국의 경우 해안에서 150m 내에 지어진 집 중 1/4은 물에 잠기고, 100cm만 상승해도 네덜란드는 국토의 6%, 이집트의 12-15%, 방글라데시의 11.5%가 물에 잠길 것이다. 해안지대의 주민, 임해 공업단지, 항만, 수산양식 및 해양생태계도 영향을 받게 될 것이다.

아시아 연안의 도시, 갠지스 강, 양쯔 강, 황하, 메콩 강, 이라크, 파나카 등의 하구델타지대 등이 심각한 피해를 입을 것으로 보인다.

대체로 해수면 상승이 앞으로 초래할 손실의 정도는 오늘날 인간이 하천과 연안지역에서 행하고 있는 개발형태에 의해 결정될 것이다.

지반하강과 해안침식이 급속히 일어난다면 세계의 많은 지역에서 지구 평균 상승률보다 훨씬 앞서 1m의 해수면 상승을 기록할 것이다. 이 결과로 연안 도시와 항구에 있는 막대한 자산이 위협받게 될 것이며 자연과 인공의 배수시설에 문제가 일어나고, 하천과 대수층에 해수가 침범하여 해변이 심하게 손상되는 일이 다반사일 것이다. 만조 때의 조류로 인해 연안생태계의 다양성이 파괴되고 해발 1m 이하의 대부분을 이루고 있는 습지대와 연안 삼림지역은 그 전체가 위협당할 것이다. 영국의 강어귀에서 겨울을 나는 유럽의 섭금류 새들의 절반 이상이 서식처를 잃을 운명에 놓여 있다. 전 세계에 걸쳐 매우 생산성이 높은 망그로브 숲 또한 해수면 상승으로 손실될 수 있다.

해수면이 상승하면 하구지역이 자주 침수될 뿐만 아니라 염분이 침투됨으로써 하구지역의 담수생물이 사멸되고 침전물의 퇴적 패턴의 변화와 해저 침입광선의 변화를 가져오고 이로 인해 해저 생태계의 변화를 초래하게 된다. 현재 피지군도 산호초의 1/3은 수온상승으로 광합성을 하지 못해 흰색을 띠고 있으며 이 지역에 염수침투가 증가하여 식수의 오염과 농토의 생산성 저하를 가져오고 있다.

최근 우리나라에서도 목포지역의 장마철 잦은 침수는 해수면의 상승 때문이라는 주장이 제기되고 있다. 1904년 이후 100년간 지구온난화와 도시화로 인해 부산 기온이 약 1.65도 상승했다. 이는 한반도 평균 1.5도 상승에 비해 0.15도 더 높은 것이다. 또 지구온난화의 영향으

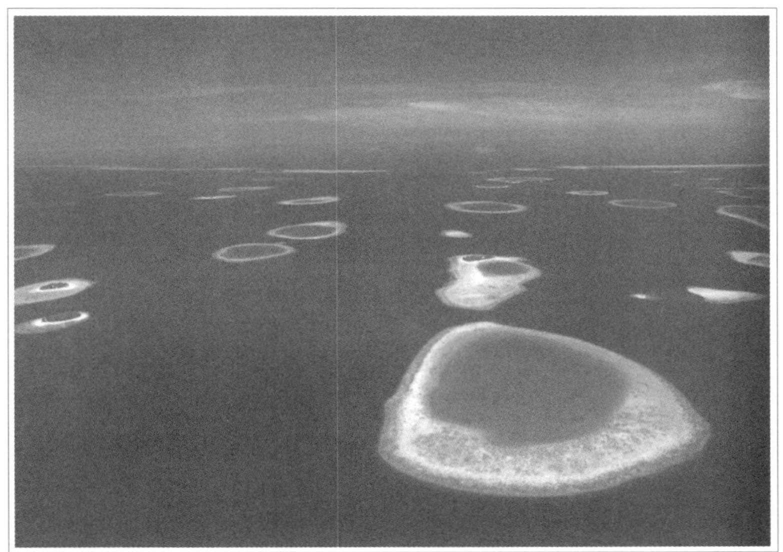

태평양 군도의 저지대 국가 몇몇은 해수면 상승으로 바다에 잠기게 될 위험에 처해 있다.

로 부산 앞바다의 해수면이 연평균 0.25cm 상승하고 있으며, 이는 지구 평균 상승률 0.15cm보다 높다.

한편 남북극을 제외하고 지구상에서 가장 집중적으로 형성된 히말라야 빙하가 녹으면서 네팔, 중국, 인도 등 주변국들의 환경재앙이 우려되고 있다. 세계 야생동물기금(WWF)이 최근 밝힌 바에 따르면 지구온난화의 영향으로 히말라야 일대의 빙하가 녹으면서 매년 평균 10-15m씩 후퇴해 불어난 물로 호수가 넘쳐 대규모 홍수를 일으키고 관개용수의 확보가 어려워지고 있다.

네팔은 연평균 기온이 0.06도 씩 상승하고 있는 가운데 3개 하천의 수량이 감소하고 있으며 중국 칭하이 고원에 있는 습지대도 줄어들고 있다. 인도 강고트리 빙하도 연간 223m 가량 후퇴하는 등 이상 현상이 잇따르고 있다.

히말라야 빙하가 녹은 물은 네팔은 물론 인도의 갠지스 강, 브라마프트라 강, 인도차이나 반도로 향하는 살윈 강과 메콩 강, 중국으로 향하는 양쯔 강과 황허 등 7개 대형 하천의 수량에 직접적인 영향을 준다.

앞으로 20~30년 내에 이들 빙하가 다 녹아내리게 되면 여기서 발생한 물에 의지해 사는 10억의 인구가 식량부족사태를 맞게 될 것이다.

지구의 사막화

4억 년 전 수중식물의 광합성 작용으로 오존층이 생겨나면서 많은 양의 산소를 가둘 수 있는 대기권이 형성되었다. 이 과정에서 수중식물들이 육상식물로 진출하였다. 3억 5천만 년 전에 이르러서야 지금과 같은 숲의 모습을 갖추게 되었다고 한다. 이러한 숲에서 생산된 석탄과 석유는 문명의 꽃을 피우는 원동력으로 인류사회에 등장하였으나 대기오염과 지구온난화를 초래하고 산성비를 내려 숲을 파괴하는 원인이 되었으니 아이러니라 하지 않을 수 없다.

무분별한 숲의 파괴는 1950년대 이후 산업화와 함께 세계적인 지구온난화를 초래했고 이는 건조기후 및 이상 현상을 가져왔다. 이로 인해 평균기온이 급격히 상승하고 겨울에 이상난동 현상이 연이어 출현하였다.

지구의 1/3이 사막화의 위험에 놓여 있다

폭우를 제외한 유효강수량이 현저히 떨어져 토양이 건조해지고 모래의 유동성이 증가하여 사막화를 진전시키고 있다. 전문가들은 무분별한 화전농업과 소홀한 환경보호대책, 과도한 수자원 남용, 인구 급증 등이 사막화의 주요 원인이라고 분석했다. 인구가 늘어나면 벌목과 방목, 경작 등이 늘면서 대지의 영양상태가 나빠지고 물은 줄어들기 때문에 장기적으로 사막화에 기여하게 된다.

한편 식생활의 서구화도 사막화에 일조하고 있다. 점차 쇠고기 소비가 늘고 있다. 쇠고기 1kg을 생산하기 위해 곡물 7-10kg이 사용되고 있어 자원의 낭비가 커지고 초지 조성을 위해 숲을 없애므로 사막도 늘어난다. 때로는 기술발전이 사막화의 원인이 되기도 한다. 일례로 사우디아라비아에서는 과거 사육동물들에게 오아시스를 찾아다니면서 물을 먹였는데, 물 트럭이 생기면서 동물들이 움직이지 않고 한 자리에 정착해 물을 먹게 되자, 인근 풀만 모두 뜯어먹어 사막화에 일조하게 됐다.

지구온난화 역시 장기간에 걸쳐 대지를 건조하게 만들어 사막화를 돕는다. 과학자들은 지난 세기 동안 지구 평균 온도가 0.6-0.8도 높아졌다고 분석한다.

유엔에 따르면, 지구 표면의 1/3이 사막으로 변할 위험에 처해 있다는 것이다. 전 세계적으로 매년 1,000만ha의 땅이 사막화 변하고 있어 2025년까지 아프리카에서는 기존 경작지의 2/3가 불모지로 변하고 아시아에서는 1/3, 남아메리카에서는 1/5가 비슷한 처지로 전락할 것으로 예상된다.

지구촌 사막화의 원인으로는 화전농, 산림 벌목, 지하수 개발과 더불어 지구온난화에 따른 극심한 한발이 꼽힌다. 이에 따라 110개국에서 10억 명이 넘는 사람들이 사막화로 생존의 위협을 받고 있으며 연간 420억 달러의 비용이 투입되고 있다. 이미 사막이 형성돼 있는 곳은 사막이 주변부로 확장되기 쉽기 때문에, 사하라사막 남부와 중국 고비사막도 급격히 확대되고 있는 상태다. 중국은 1950년대부터 포르투갈 면적에 해당하는 9만 2,100km²가 이미 사막으로 변했다.

중국의 공업화로 가속화된 사막화

2001년 말 중국의 사막화 토지 총 면적은 남한 면적의 17배를 넘는 174만 3,100km²다. 더욱 심각한 점은 중국의 사막화가 갈수록 더욱 빠르게 진행되고 있다는 것이다. 현재 중국의 사막 중 기원전 형성된 사막화 토지는 14.3%였으며 1000년~1900년 사이에 형성된 사막화 토지는 전체의 23.3% 인데 비해 20세기 마지막 100년 동안 형성된 사막화 토지는 전체 사막의 62.4%로 사막화 속도가 4,000배나 빨라졌다. 그 중 1950~1960년대에는 매년 1,560km²의 토지가 사막화되었고 1980년대에는 2,100km², 1990년대에는 2,640km²로 연평균 사막화 토지 면적이 확대되었다. 2001년에는 3,436km²에 달하는 토지가 사막화되었다. 사막화는 토지를 황폐화시킨다는 문제도 있지만 사막화 지대의 증가로 인해 더욱 거세지는 황사 현상은 인간의 건강에 직접적인 피해를 준다.

중국의 사막화와 한국의 황사

매년 봄이면 황사가 중국에서 바람을 타고 날아와 우리나라와 인근 일본뿐만 아니라 미국에까지 큰 피해를 주고 있다. 황사란 바람을 타고 지상 4-5km 상공까지 하늘 높이 올라간 미세한 모래먼지가 고층 기류에 의해 먼 지역까지 날아가 서서히 떨어지는 현상, 또는 떨어지는 모래흙을 말한다.

우리나라에까지 날아와 영향을 미치는 황사의 고향은 중국과 몽골의 경계에 걸친 드넓은 건조지역과 그 주변에 있는 반 건조지역이다. 1990년대까지만 해도 황하 상류와 중류지역에서 발원한 황사가 우리나라에 주로 영향을 주었으나, 최근 3년 전부터는 이 지역보다 훨씬 동쪽에 위치한 내몽골고원 부근에서 발생한 황사도 우리나라에 큰 영향을 주고 있다. 황사의 횟수도 연간 2-3회에 불과했는데 몇 년 전부터는 연간 10여 회가 넘고 그 농도도 심해지고 있다.

이것은 황사 발원지가 동쪽으로 더 확대되고 한반도로 더 가까워지고 있으며, 우리나라에 지금까지 겪지 못했던 심한 황사가 나타날 가능성이 커진 것을 시사한다. 황사 발원지의 면적은 사막이 48만km², 황토고원 30만km²에 인근 모래땅까지 합하면 한반도 면적의 약 4배나 된다. 이 황사 발원지는 가깝게는 거리 약 500km인 만주지역에서부터 멀리는 약 5,000km나 떨어진 타클라마칸사막까지 분포하므로 어디에서 발원된 황사인지에 따라 이동시간이 달라지고, 또 상층바람의 속도에 따라 우리나라에 도달하는 시간이 달라진다.

황토사막에서 강풍이 불면 모래알은 움직이거나 구르다가 부력을

매년 봄이면 중국에서 바람을 타고 황사가 날아와 우리나라와 인근 일본뿐만 아니라 미국에까지 큰 피해를 준다. 황사의 횟수도 연간 2-3회에 불과했으나 근래에는 10여 회가 넘고 그 농도도 심해지고 있다. 이것은 황사 발원지가 동쪽으로 더 확대되고 한반도로 더 가까워지기 때문으로 파악되고 있다.

받아 조금씩 도약한다. 햇빛이 지표면을 강하게 가열하면 대류가 생겨나 모래흙이 부력을 받아 공중에 떠오르게 되며, 상공에 강한 바람이 불면 부유된 모래흙이 멀리 우리나라까지 날아올 수 있게 된다. 우리나라에 떨어지는 황사는 약 1~5일 전에 황사 발원지에서 떠오른 것이다.

최근 중국의 급속한 공업화에 따라 중국 대륙에서 발생한 황사에 중금속 등 오염물질까지 실려와 사람들의 관심을 끌고 있다. 황사가 심한 날에는 멀리 있는 산은 물론 높은 빌딩조차 구분하기 어려운 경우가 많다. 먼지가 가시거리를 감소시키기 때문이다. 우리나라 일부 학자가 관측한 바에 따르면 황사 현상이 있을 경우 먼지의 농도는 평상시에 비해 약 2-4배까지 증가한다고 한다. 그러나 더 중요한 것은 기관지와 폐포까지 도달하는 미세한 호흡성 먼지의 농도가 크게 증가한다는 사실이다. 황사기에 호흡기질환 환자가 느는 것은 호흡성 먼지의 증가와 밀접한 관련이 있다.

황사기에 호흡기질환 환자가 느는 것은 0.5-1 마이크로미터에 달하는 호흡성 극미세먼지의 증가와 밀접한 관련이 있는데 이 극미세먼지는 마스크를 써도 걸러지지 않는다.

황사에 포함된 약알칼리성 탄산칼슘은 다롄 등 중국동부공업지역의 산성가스를 중화시키는 역할을 하지만 질소산화물이나 황산화물들과 결합하는 과정에서 이산화탄소를 방출하고 질산칼슘이나 황산칼슘 같은 유해물질로 변한 뒤 한반도로 날아와 뿌려진다. 이 극미세먼지들은 사람들의 호흡기로 들어가서 심장으로 이동해 심근경색을 일으킬 위험을 높인다. 2006년 4월 한반도의 황사주의보 발생 이전 극미세먼지의 농도가 평소의 두 배로 증가했다. 중국의 공업화가 급진전됨에 따라 황사에 포함된 대기오염물질은 더욱 늘어날 전망이다.

중국 대기오염의 주범은 중국 에너지 사용량의 3/4을 차지하고 있는 석탄이다. 이로 인해 쓰촨성의 중경에는 먹물처럼 검은색을 띤 산성비가 내리고 세 사람 중 한 사람이 호흡기질환에 시달리고 있으며 네 사람 중 한 사람은 대기오염으로 인한 질병으로 사망한다고 한다. 최근 북경의 50km까지 사막이 진출해 시민들이 고통을 당하자 천도론까지 나오고 있다. 이 때문에 중국에서 불어오는 대기오염물질을 규제하기 위해 동북아 환경협정이 우리나라와 중국, 일본 사이에 진행되고 있다. 그러나 이러한 노력에도 불구하고 중국의 공업화는 계속될 것으로 예상돼 우리나라 대기의 주요 변수로 등장하고 있다.

　사막화가 지구상의 큰 문제로 떠오르면서 국제사회는 '사막화 방지 협약'을 체결하여 심각한 사막화의 영향을 받는 국가들에 대한 재정적, 기술적인 지원을 해 개도국의 사막화 대응능력을 향상시키고 있다. 이러한 조직에 의한 체계적인 관리도 중요하지만 무엇보다 우리 개개인 모두가 나무 한 그루의 중요성을 인식하고 사랑할 때 지구의 사막화를 막을 수 있을 것이다.

온난화 재앙시간표

만일 인류가 지구온난화로 더워지는 지구를 그대로 방치한다면 어떤 이들이 일어날까?

2005년 2월 독일의 기후변화 연구기관인 포츠담연구소의 빌레어 박사는 산업혁명기인 1750년을 기준으로 지구 온도가 1도, 2도, 3도 오를 때마다 예상되는 피해를 예고하는 '온난화 재앙시간표'를 만들어 발표했다. 현재 0.7도가 오른 상태인데 앞으로 25년 뒤에는 1도가 상승할 것으로 예상된다. 이때 호주 토착 식물들을 비롯한 열대 고원의 숲, 남아프리카 건조지대의 식물 등 특이한 환경생태계가 위협받고 개발도상국 일부는 물 부족이 심각해지고 식량생산이 감소한다.

2도가 오르는 2050년이 되면 북극 빙하가 많이 녹아 북극곰과 해마가 생존에 위협을 받게 된다. 지중해 연안은 산불이 잦아지고 병충해도 극심해진다. 미국은 강물 온도가 높아져 송어나 연어가 살 수 없게 되고 8,000종 이상의 토종 꽃들이 자라는 남아프리카의 핀보스지역은 점점 꽃 종류가 감소하게 된다. 중국의 넓은 숲이 황폐해지며 15억 명 이상의 사람들이 물 부족과 기아로 고통을 받는다.

3도가 오를 것으로 예상되는 2070년이 되면 아마존 열대우림은 복원이 불가능할 정도로 황폐화되고 산호초의 백화현상도 전 지역으로 확대된다. 유럽, 호주, 뉴질랜드 고산지대 식물들은 완전히 사라지고 남아프리카 건조지대 식물이나 핀보스 꽃들도 대부분 멸종되며 중국의 숲도 상당 부분 사막으로 변한다. 55억 명이 곡물생산에 큰 손실을

근래 사람의 손을 타지 않은 자연이란 찾아보기 드물다. 전신주가 하늘을 가르고 강물이나 바다 밑으로도 고속철이 다닌다. 앞으로 인간이 생존을 포기하지 않는 한 자연에 가하는 인위(人爲)는 선택이 아니라 필수일지 모른다. 그러나 인간이 진정 지속적인 생존을 목적으로 한다면 인위에 앞선 조화(調和)를 먼저 생각해야 할 것이다. 생명을 떠올리며 인간과 자연의 조화에 대해서 다시 한번 생각해야 할 때이다.

입는 지역에 살아 굶는 사람들이 크게 늘고 30억 명 이상이 물 부족을
겪게 된다. 북극빙하와 함께 북극곰과 해마가 사라지고 여우나 늑대도
먹이가 없어 멸종 위험에 처하게 된다고 한다.

4

이상기후를 극복하기 위한 인류의 노력

숲이 필요하다

이상기후를 극복하고 지구의 기온상승을 멈추기 위해서는 제3세계의 벌목된 삼림을 회복시켜야 한다. 이는 자연이 삼림과 농지를 탄소저장고로 이용하기 때문인데 살아 있는 식물과 토양은 끊임없이 탄소를 축적한다. 실제로 생태계에서 매년 약 1,200억 톤의 탄소가 유동하게 되는데 이는 화석연료가 내뿜는 양의 거의 20배나 된다. 최근 삼림의 손실로 최소한 연간 10억 톤의 탄소가 방출되고 있다.

근래에는 이러한 계산을 바탕으로 삼림을 다목적으로 이용하는 사업에 박차가 가해지고 있다. 지금까지 진행되었던 가장 구체적인 사업은 183MWh 용량의 석탄화력발전소에 의해 연간 방출되는 38만 8천 톤의 탄소를 상쇄시키기 위해 과테말라에서 추진되고 있는 임업관련 사업이다. 이 지역에서는 지속가능한 방법으로 수확이 이루어지고 화재로부터 삼림보호 효과도 얻을 수 있게 될 것이다. 비록 이 방법이 발전소로부터 나오는 모든 탄소를 상쇄시킬 수는 없지만 탄소 방출량을 감소시키기 위한 직접적인 시도로 삼림벌목을 늦추는 비교적 저렴한 방법이다.

일단은 벌목을 늦추는 일이 우선적 과제이지만 이를 해결해 나가려면 처녀림으로 이동하는 주민과 토지 탐사자 그리고 목재 수출업자들에 대한 열대 국가들의 재정적 지원을 중단시킬 필요가 있다. 정부와 국제 원조기구는 사람들이 벌목하지 않으면서도 살아 있는 삼림으로부터 생계수단을 얻을 수 있는 방법인 농림업같이 지속 가능한 개발계획에 적극적으로 지원해줄 필요가 있다.

지구는 3억 5천만 년 전에 이르러서야 지금과 같은 숲의 모습을 갖추게 되었다고 한다. 이러한 숲에서 만들어진 석탄과 석유는 문명의 꽃을 피우는 원동력으로 인류사회에 등장하였으나 대기오염과 지구온난화를 초래하고 산성비를 내려 숲을 파괴하는 원인이 되었다.

기후모델에 의한 기온 상승 예측

유엔환경계획(UNEP)과 세계기상기후(WMO)가 주도해 설치한 기후변화에 관한 정부간 패널(IPCC)은 앞으로의 기후를 예측하기 위한 시나리오 기후모델을 이용해 다가올 21세기의 기온 상승 그래프를 만들어 2003년 제3차 보고서를 통해 발표했다. 그림에서 A1은 고도 경제성장사회를 계속 지향하며 신기술을 급속하게 도입할 경우인데 에너지원으로 화석연료를 중시하는 A1F1, 모든 에너지의 균형을 중시하는 A1B 그리고 화석연료 이외의 에너지원을 중시하는 A1T의 세 그룹으로 나뉜다. A2는 지역별로 다원적으로 발전하는 사회이고 B1은 지속 가능한 발전을 중시하는 사회, B2는 완만한 경제성장으로 지역이 다양화하고 상호 공존하는 사회를 각각 가정한 결과이다. 그래프 상에 나타난

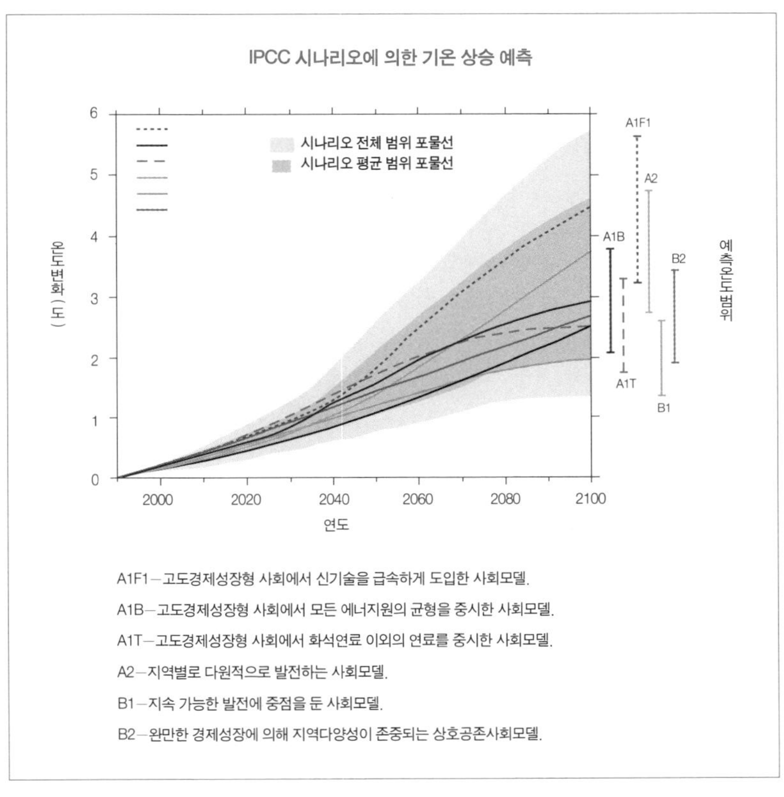

2100년의 기온 상승 예측치는 1.4－5.8도로 큰 폭의 차이를 보인다.

온도 상승이 가장 클 것으로 예상되는 A1F1의 경우 이산화탄소 농도가 거의 1,000ppm에 이르면서 평균 예측 온도가 4.5도 상승하는데 반해 가장 낮을 것으로 예측되는 B1의 경우는 평균 2도 상승에 그쳤다.

A1F1처럼 현재 석유가 풍부한 이라크를 침공하면서까지 석유 중심의 에너지 정책을 중시하고 지구온난화 방지협약도 탈퇴한 미국의 방식대로 살 경우 '온난화 재앙시간표'에 따르면 지구는 대부분의 동

식물들이 거의 살 수 없을 정도로 황폐해져버릴 것이다. B1을 추구하는 독일처럼 풍력이나 태양 에너지를 이용하는 재생 가능 에너지 정책을 추구해 지속 가능한 발전을 지향하더라도 이미 그 동안 진행된 이산화탄소의 축적으로 계속 500ppm 수준에서 농도가 떨어지지 않아 지구생태계가 크게 손상되지만 더 이상 고공행진은 가까스로 멈출 것이다.

만일 우리가 지금처럼 고도의 경제성장을 최고의 가치로 추구하는 A1F1 사회가 계속 진행된다면 양극 빙하가 완전히 녹아버리는 것은 시간문제고 만일 이로 인해 심해 대류가 멈춘다면 지구 북반구가 갑자기 추워져 빙하기가 도래할 수 있다.

「교토의정서」로 시작된 온실기체의 규제

세계의 환경을 생각하는 UNEP의 창설

1972년 6월 5일부터 스웨덴 스톡홀름에서는 전 세계 114개국에서 1,200명의 대표자가 참석한 가운데 유엔인간환경회의(Nations Conference on the Human Environment)가 열렸다. 이 회의에서는 스톡홀름 선언과 행동계획의 채택 그리고 유엔환경계획(United Nations Environmental Programme, UNEP)의 창설이 결의되었고 그 결과 1973년에 케냐의 나이로비에 본부를 둔 UNEP가 창설되었다.

이후 1979년에 제네바에서 제1차 세계기후회의가 개최되어 '인간의 활동에 의한 기후변화 가능성'과 '부정적인 영향을 방지하기 위한 대책의 필요성'에 공감하였다. 1988년 11월엔 지구온난화 문제를 국제적으로 대처하기 위해 '기후변화에 관한 정부간 패널(Intergovernmental Panel on Climate Change, IPCC)'이 설립되었고 '기후변화와 대응방안에 관한 과학적 정보를 평가하는 내용의 「IPCC 평가보고서」가 발간되었다.

'지속가능한 발전'을 생각한다

1992년 6월 3일부터 14일까지 브라질의 리우데자네이루에서는 유엔환경개발회의가 열려 118개국 정상을 포함한 178개국 대표단, 민간단체, 언론인들이 참석하였다. 이 회의는 '환경적으로 건전하고 지속가능한 발전(Environmentally Sound and Sustainable Development, ESSD)'이라는 이념을 목표로 지구온난화 방지를 위한 기후변화협약을 채택하였다. 기후변화협약은 지구 기후를 교란시키는 인위적인 개입을 줄이고 경제성장을 지속할 수 있는 수준에서 대기 중 온실기체의 농도를 안정화시키는 것을 목표로 삼고 있다. 이 협약에는 현재 우리나라를 비롯한 188개국이 가입돼 있다.

1997년 12월에 교토에서 열린 제3차 당사국총회에서는 선진국의 강제성 있는 감축목표를 설정한 교토의정서가 채택되었다. 이 의정서에서는 이산화탄소, 메탄, 아산화질소, 수소화불화탄소(HFC), 불화탄소(PFC), 육불화황(SF_6)의 6개 기체를 '감축대상 온실기체'로 규정하였다. 이로써 EU, 일본, 캐나다, 스위스 등 선진국과 구동구권 나라들로 이루어진 제1차 의무감축대상국 38개국은 2008년부터 2012년 사이에 1990년의 온실기체 배출량 수준보다 평균 5.2%를 감축하되 각국의 경제적 여건에 따라서 -8%에서 +10%까지 차별화된 감축목표를 채택하였다. 현실적으로 1차 의무감축대상국들의 온실가스 배출량이 계속 증가하고 있어 자국내 수단만으로 감축목표를 달성시킬 경우 경제비용이 막대할 것으로 분석됨에 따라 다른 나라와의 공동이행제도나 청정개발체제를 도입하였다. 또한 온실기체 감축의무 보조수단으로서 시장기능을 활용하기 위한 이산화탄소 배출권 거래제 등을 도입하였다. 배출권 거래제는 온실기체 감축의무가 있는 선진국에 배출량을 부여한 후 선진국가간 배출쿼터의 거래를 허용하는 제도이다. 배출권 거래소는 이미 2002년 영국에 개설된 이래 2008년까지 전 세계로 확대개설될 예정이다. 2005년 초 국제시장에서의 이산화탄소 거래시세는 톤당 10달러를 넘어섰다. 2007년에는 총거래량이 1,000억 달러에 이를 것으로 예상된다.

2005년부터 교토의정서 발효

2001년 독일의 본에서 열린 제6차 당사국총회에서 참가국들은 미국을 제외하고 남은 나라들끼리 교토의정서를 비준키로 의견을 모으고 그해 12월 모로코 마라케시에서 열린 제7차 당사국총회에서 선진국 온실기체 감축의무 세부이행방안에 완전 합의하여 마무리지었다. 이 회의에서는 러시아가 요구한 삼림의 온실기체 흡수원 인정범위가 확대되었다.

다행히도 러시아가 2004년 12월에 질질 끌던 교토의정서 비준을 결정해 2005년 2월 16일부터 리우국제환경회의 이후 13년간이나 끌어온 협약이 발효되었다. 현재 러시아는 전 세계 이산화탄소 배출량의

17.4%를 차지하고 있으며 러시아가 비준을 함으로써 교토의정서의 발효요건인 전 세계 이산화탄소 배출 총량의 55%를 넘게 되었다. 교토의정서가 발효되려면 온실가스 배출 총량의 55%를 차지하고 있는 55개국 이상이 비준해야 한다. 의정서는 비준서가 유엔본부에 기탁되고 90일 후에 발효되도록 규정한 바 있다.

각국의 배출 한도량은 1990년 배출 총량에 감축목표, 기간(5년)을 곱해 계산하며 의무이행기간 중 총 배출량에서 배출 한도량을 제한 것이 감축 필요량이 된다. 그런데 대부분의 선진국들은 배출량이 지속적으로 증가하고 있으므로 실제 배출량에서 20-30% 정도를 감축해야 목표를 달성할 수 있다. 이를 위해 선진국들은 화석연료를 대체할 풍력, 태양력, 바이오매스 등 신재생 에너지원 개발과 연구에 박차를 가하는 한편, 배출가스 저감기술, 에너지 효율향상기술 개발에 역점을 두고 이를 실천에 옮기고 있다.

교토의정서에 따라 2008년부터 2012년까지 1990년보다 온실가스 배출량을 8% 줄여야 하는 유럽연합은 2010년까지 1차 에너지의 12%를 신재생 에너지로 공급하는 계획을 세워 추진 중이다. 유럽연합이 이 목표를 달성한다면 2010년에는 이산화탄소를 3억 2천만 톤 줄일 수 있고 이것은 온실가스 감축 목표량의 95%에 달한다. 이런 속도로 재생 에너지 개발을 추진할 경우 2020년에는 재생가능 에너지 비율을 20%로 높여 이산화탄소를 연간 7억 2,800만 톤이나 줄일 수 있고 1990년 대비 온실가스 배출량을 17.3%까지 줄여나갈 수 있는 것이다.

그러나 선진국 탄산가스 배출량의 36%나 차지하는 미국이 이기적

교토의정서의 규제 내용

규제대상가스	이산화탄소, 메탄, 아산화질소, 수소화불화탄소(HFC), 불화탄소(PFC), 육불화황(SF_6)
기준년도	1990년(HFC, PFC, SF_6는 1995년 기준)
목표기간	2008~2012년
감축목표	1차 감축대상국은 기준년도보다 적어도 5% 감축해야 한다. 8% 감축: EU, 스위스 등 26개국 7% 감축: 미국 6% 감축: 캐나다, 일본, 헝가리, 폴란드 0% 감축: 러시아, 뉴질랜드 1% 증가: 노르웨이 8% 증가: 호주 10% 증가: 아이슬란드

인 행보로 협약을 무시하고 있어 지구생태계의 치료가 제대로 이루어질지는 의문이다. 현 상태에서 탄산가스 총 배출량의 2/3 이상을 감축해야 지구가 안정된 기후를 되찾을 수 있으리라 예상되기 때문이다. 미국의 석유 등 화석연료를 이용한 경제성장의 정책적 방향은 쉽게 변하지 않을 것으로 보인다.

지구온난화로 인한 기후변화는 폭염, 홍수, 한파, 폭설, 가뭄 등의 자연재해를 가져온다. 그리고 이러한 위험은 가난한 나라나 사회적 경제적 약자들에게 피해가 집중된다는 점이다. 반면에 오염원인 온실기체는 사회적 강자, 국제적 강자들이 가장 많이 배출하므로 매우 불평등한 국제간 사회적 문제이다.

우리나라의 교토의정서 이행 문제

이제 세계는 우리나라와 중국 등 현재 이산화탄소를 많이 배출하는 나라에게 책임을 물을 것이 확실하다. 우리나라는 저유가 정책으로 압축적 경제성장을 지속해오면서 에너지 다소비형 구조로 인해 많은 이산화탄소를 배출해왔다. 더구나 철강, 석유화학, 시멘트 등의 에너지 집약적인 산업의 비중이 높아 에너지 절약 투자비율이 상대적으로 낮다. '에너지 소비량 세계 7위', '석유소비량 세계 6위', '석유수입량 세계 3위'. 이것이 자원빈국인 우리나라의 에너지 부문 자화상이다.

우리나라는 1990년부터 2004년까지 이산화탄소 배출이 9260만 TOE에서 1억 9360만 TOE로 무려 두배 이상이나 증가했다. 에너지 소비대국 미국도 이 기간 동안 19%만 늘었고, 독일은 오히려 감축에 성공했다. 세계 최고의 경제성장을 기록한 중국도 31% 증가에 그쳤다. 1992년에는 우리나라가 77개 그룹에 속한 개도국이었기 때문에 1차 감축대상 국가에서는 제외됐지만 이미 탄산가스 배출량에서 세계 배출량의 1.8%를 배출하는 9위의 에너지 소비대국이므로 2013년부터 2017년에 해당하는 2차 에너지 감축국가 대상에 포함될 가능성이 확실하다.

교토의정서에서 목표를 지정한 선진국들은 1990년부터 2001년까지 10년간 겨우 1.8% 증가에 머물렀다. 이변이 없는 한 우리나라는 2010년 전에 영국과 캐나다를 제치고 7위로 상승할 것이다.

이러한 현상은 그동안 물가안정과 산업경쟁력향상을 위해 낮은 전기요금 등 에너지 저가격 정책을 유지해 에너지 위기상황에 대한 대응능력과 인식이 부족하기 때문이다. 그러나 앞으로는 경제를 위해 에너지 저소비형 구조로 체질개선을 서둘러야 한다. 환경을 빌미로 관세장벽이 대두되는 소위 그린라운드(Green Round)가 본격적으로 작동될 예정이기 때문이다.

이렇게 되면 2010년대에 들어서면 우리 경제가 큰 타격을 입게 될 것이다. 온실가스 의무감축을 적용받을 경우 우리나라의 GNP는 5-7% 정도 떨어지고 경제는 제로성장이 불가피하다는 주장도 있다. 현재 지구상에 배출되는 연간 이산화탄소 총 배출량은 223억 톤에 이르고 있다. 이 가운데 우리나라의 화석연료 의존도는 80.8%로 중국, 인도 다음으로 높으며, 우리나라의 이산화탄소 배출량은 세계 16위, 현재 1인당 이산화탄소 배출량은 약 2.1톤으로 세계 9위를 차지하고 있다. 이는 우리나라의 산업구조가 에너지 다소비 산업 중심으로 이루어지고 있음을 반영한다.

교토의정서가 발효된 직후 우리나라 산업계는 교통의정서 제2차 공약기간(2013~2017년)에 참여할 수 없다는 입장을 밝혔다. 에너지 사용량을 현재의 절반으로 줄여야 하므로 국민경제가 극도로 어려워지기 때문이다. 그러나 이는 당장 눈앞의 어려움만을 피해가자는 단견에 불과하다. 이미 2006년에 석유 값은 배럴당 70달러를 넘어섰지만 중동에 전쟁이라도 발발한다면 100달러를 훌쩍 넘어 150달러까지 오를 수 있다는 전망이 나오고 있다. 우리나라는 2005년 1년간 석유수입액이 667억 달러로 총수입액의 1/4이 넘고 있는 상황이다. 따라서 산업계는 하이브리드 자동차나 에너지 절약형 건물 등의 개발에 적극적으로 투자하고 금융계도국 일본처럼 탄소기금을 은행간 연합으로 조성하는 등 위기를 기회로 만들어 나가야 한다.

이미 우리나라 정유업계나 철강업계는 수조 원을 투자해 에너지 절감과 환경설비 이산화탄소 배출권 시장을 겨냥한 투자를 시작하고 있다. 이처럼 도쿄의정서 시대를 맞아 돈도 벌 수 있고 기술도 축적할 수 있는 CDM(Clean Development Mechanism, 청정개발체제) 사업을 적극 선점해야 한다.

그러나 우리나라는 에너지 효율이 낮은 산업의 특성상 현재 교토의정서에 대한 지나친 경제적 부담 때문에, 교토의정서 체제를 탈퇴한 미국과 호주가 주도하고 일본, 중국, 인도, 등 6개 나라가 참여하는 '청정개발 및 기후에 관한 '아·태 기후 파트너십'에 참여하고 있다. 환경단체에서는 "아·태 기후 파트너십에는 온실가스 강제감축 의무를 회피하기 위해 교토의정서를 무력화하려는 음모가 담겨 있다."고 주장하고 아·태 기후 파트너십을 탈퇴하라고 목소리를 높이고 있다. 전 세계 온실가스 배출량의 48%를 차지하고 있는 여섯 나라가 모이게 된 밑바탕에는 자국의 경제에 타격을 줄 수 있는 온실가스 강제 감축을 피하거나 늦춰보려는 의도가 깔려 있다고 판단하는 것이다.

2006년 1월 11일에 호주의 시드니에서 열린 1차 아·태 기후 파트너십 각료회의는 온실가스 감축에 대한 언급이 없이 미래형 청정에너지 개발과 참여국가들이 자발적으로 기후변화에 대응하는 것을 뼈대로 한 헌장과 공동성명을 채택하고 폐막했다. 폐막성명에서는 화석연료에 의존하고 있는 세계경제의 현실과, 원자력이 세계 에너지 공급에서 차지하는 비중이 늘어날 것이라는 점도 명문화했다.

환경과 인간을 살리는 재생 에너지

현재 세계에서 주로 사용되고 있는 에너지 자원은 석유, 천연가스, 석탄, 우라늄 등으로 이들은 모두 재생 불능 자원에 속한다. 이들의 가채년수(자원의 확인 매장량을 연간 생산량으로 나눈 지표)는 대략 석유 40년, 천연가스 57년, 석탄 200년, 우라늄은 43년이다. 단 우라늄은 사용한 후 재활용하여 얻을 수 있는 플루토늄의 가채년수가 수십 배로 늘어날 수 있다. 4억 년 가까운 장구한 기간을 거쳐 식물에 저장된 생화학적 에너지 저장체인 화석연료를 1,000년 남짓 동안에 인류가 다 써버리려 하는 것 같다. 삼림 소비속도는 생성기간에 비해 100만 배나 빠른 상황이다.

현재 화석연료 고갈에 대비하고 지구온난화의 원인이 되는 이산화탄소의 양을 줄이는 길은 화석연료의 사용을 억제하는 것이다. 여기에는 에너지 효율을 높이거나 에너지를 아끼는 방법과 화석 에너지를 대체할 재생 가능한 에너지를 개발해 사용하는 방법이 있다. 최근 세계의 에너지원별 성장세를 보면 원자력과 석탄은 정체되고 천연가스와 석유는 약간 증가했음에 비해 풍력, 태양 에너지는 매년 30%의 가파른 성장세를 유지하고 있다.

대체 에너지원이란 석탄, 석유, 원자력 및 천연가스가 아닌 태양 에너지, 풍력, 조력, 지열 에너지, 수소연료전지 등 신재생 에너지원을 의미한다.

재생 에너지의 선진국, 독일

이러한 신재생 에너지 정책을 주도하고 있는 독일의 에너지 혁신 프로그램은 매우 긍정적인 효과를 거두고 있다는 분석이다. 1998년까지만 하더라도 에너지소비에서 재생가능 에너지 비중이 2%에 불과했는데 몇 년 사이에 6%에 이르는 빠른 증가세를 보여주고 있다. 독일 정부는 2000년 10월 18일 기후보호를 위한 국가 에너지 프로그램을 선택한 이후 의욕적으로 친환경 대체 에너지 개발을 추진하고 있다. 이 산화탄소 배출량을 2005년까지 25% 이상 감소시키고 2020년까지 교토의정서가 설정한 여섯 가지 온실가스 배출을 40% 줄인다는 것이 목표다. 독일은 노후설비 개량비용지원이나 감세정책 등 기업에 대한 지원책으로 2003년 현재 온실가스 배출량을 2000년에 비해 18.6% 줄이는 데 성공했다.

대체 에너지의 장단점

	풍력 에너지	태양 에너지	지열 에너지	해양 에너지
장점	고갈될 염려가 없고 깨끗하다.	고갈될 염려가 없고 깨끗하다. 필요한 장소에서 필요량만큼 발전이 가능하다	발전 비용이 저렴하다.	고갈될 염려가 없고 깨끗하다.
단점	바람이 불 때만 발전이 가능하고 에너지 밀도가 낮아 적격지가 드물며 대규모 발전이 어렵다.	에너지 밀도가 낮으며 일기에 좌우되고 설비가 비싸다.	적격지가 드물고 한정되며 땅속 깊은 곳의 상황파악이 어렵다.	에너지 밀도가 낮고 발전량에 비해 시설비가 비싸다.

우리나라는 2005년 현재 2.1%에 불과한 재생 에너지 비율을 2012년까지 5%로 끌어올리기 위해 9조 2천억 원을 투자할 예정이다.

바람이 주는 청정 에너지, 풍력

풍력 에너지는 바람을 이용해 풍차를 돌려 전기를 얻는 방법인데 네덜란드에서는 이미 오랜 옛날부터 바닷가의 풍차를 이용해 방앗간을 돌리는 등 농사에 이용하였다.

풍력발전의 이용방법으로는, 교류의 풍력발전기를 전력계통에 직접 이용하는 시스템과 풍력발전기의 전기를 축전지에 담아 이용하는 시스템이 있다. 전자는 풍력변화의 영향을 직접 받는 데 비해, 후자는 풍력이 변동하여도 축전지로 보충하기 때문에 평균적으로 이용할 수 있는 장점이 있으나 설비비가 비싸다.

세계 재생 에너지 사업은 현재 유럽을 중심으로 빠르게 확대되고 있으며 거의 매년 30% 이상 성장하고 있다. 독일은 풍력발전이용비율이 세계에서 제일 앞선 나라이다. 풍력사용은 지난 10년 만에 3배 이상으로 늘었으며 북해연안을 중심으로 한 풍력발전 용량은 전 세계 풍력발정의 35%를 차지하고 있다. 독일 전력의 5%가 넘는 1만 8,000MW를 풍력으로 충당하고 있다.

2005년도 전 세계의 총 풍력에너지 발전용량은 5만 9,322MW로 전년도에 비해 무려 25%나 증가했다. 이중 독일이 1만 8,428MW, 스페인 1만 27MW, 미국 9,149MW, 인도 4,430MW, 덴마크 3,122MW의 순으로 많다. 유럽의 경우 전 세계 풍력에너지 시장의 69%를 차지하고 있고 작년에 비해 18%가 성장해 유럽 전체 전기수요의 3%를 차지하고 있다. 2010년이면 유럽연합은 교토의정서에서 정한 이산화탄소 배출 억제목표의 1/3을 풍력에너지만으로도 달성할 것으로 보인다. 독일에서는 이미 5MW급 풍력발전기가 상용화되었고 곧 10MW급 초대형 발전기의 개발도 끝나 상용화될 전망이다.

우리나라에서는 2002년 제주 행원풍력단지가 660kW급 규모 3기를 추가 가동하면서 총 15기 10MW의 풍력발전단지가 완공되었고 새만금풍력발전단지도 1, 2호기를 준공했다. 정부는 2011년 대체에너지 보급률을 5%로 끌어올리기 위한 계획을 세웠고 2005년부터 대규모 풍력발전단지가 잇따라 가동에 들어가면서 신재생 에너지 개발이 활기를 띠고 있다. 2005년 12월부터는 국내 최대 규모가 될 강원풍력발전단지의 1차분 풍력발전설비 14기가 상업운전을 시작했다. 또한 정부는 또 바다 위에 풍력발전기를 세우는 해상풍력단지 설립을 검토 중이다.

세계 재생 에너지 사업은 현재 유럽을 중심으로 빠르게 확대되고 있으며 거의 매년 30% 이상 성장하고 있다. 독일은 풍력발전 이용비율이 세계에서 제일 앞선 나라로 전 세계 풍력발전의 35%를 차지하고 있다. 우리나라에서는 2002년 제주의 행원풍력 단지가 추가 가동하면서 총 15기 10MWh의 풍력발전단지가 완공되었다.

무궁무진한 빛 에너지

태양 에너지는 지구에서의 위치에 따라 에너지량의 차이가 있다. 열대지방은 m²당 평균 2,500kWh의 에너지를 받는 데 반해 양극지방은 겨우 500kWh만을 받으며 우리나라는 1,250-1,500kWh에 달해 비교적 양호한 편이다. 태양열 난방은 주로 학교 같은 공공건물에서 활용하고 있으며 급탕은 가정용 온수기, 목욕탕, 수영장, 양어장 등에서 주로 이용된다. 대규모의 발전용도로 시설할 경우에는 미국 서부의 모하비사막의 세계 최대 태양열발전소인 솔라II처럼 매우 넓은 용지가 필요하다. 이곳에서는 2,000여 개의 거울에서 열을 모아 집열관에 모으고 액화나트륨을 566도로 가열해 순환시키면서 전기를 얻는다. 요즘엔 진공관형 태양열 온수기가 개발되어 100도의 끓는 물도 얻을 수 있다.

미국 캘리포니아에 위치해 있는 10MWh급 태양열 발전 시스템. 무궁무진한 태양 에너지를 바탕으로 한 태양열 발전 시스템은 미래에 각광받는 에너지 생산 시스템이다. 많은 국가에서 일체의 공해를 생산하지 않으면서 많은 에너지를 생산할 수 있는 태양 발전 시스템의 보급에 박차를 가하고 있다.

　직접 태양광을 전기 에너지로 전환시키는 반도체인 태양전지(solar cell)가 개발되어 무인등대나 가로등에도 쓰이기 시작했다. 태양전지는 실리콘으로 대표되는 반도체이며 전기적 성질이 다른 N(negative)형의 반도체와 P(positive)형의 반도체를 접합시킨 구조를 하고 있다. 태양전지에 태양빛이 닿으면 태양전지 속으로 흡수되며 전위가 발생하게 된다. 현재 태양전지효율은 7-17%로 수명이 20년 이상이고 발전단가 25-50Cent/kWh로 아직은 시설비가 비싸고 효율이 낮아 풍력에 비해 경쟁력이 크게 떨어지지만 태양전지의 효율을 높이는 기술이 계속 개발되고 있다.

　독일의 프라이브르그의 일사량은 우리나라의 2/3에 불과하지만 이 도시 건물들의 지붕은 대부분 태양전지판이다. 설비비의 40%를 정부가 지원해주고 전기를 구매해주므로 그 동안 10만 호가 태양주택설비를 갖추게 되어 5,000명의 고용창출과 함께 세계적인 태양의 도시가 되었다. 독일의 전역에는 40만 가구가 태양열 집열판을 이용한 태양열 에너지를 활용하고 있으며 그 면적을 합하면 340만㎡에 이른다. 독일 정부는 태양광발전 기기의 설비생산을 지속적으로 늘려 2010년까지 12만 5천 개의 일자리가 창출될 것으로 기대하고 있다.

　우리나라의 경우 전체 에너지 중 태양 에너지의 비율은 겨우 0.3%에 불과하다. 광주는 2020년 전체 전기의 20%를 태양전기로 얻을 예정으로 실증연구단지에 2,000억 원을 투자하고 있다. 광주 행암동 한 마을의 경우 많은 가구가 전기는 태양전기판에서 생산한 것을 사용하므로 매월 기본요금만 내면 될 정도로 성공한 예도 있다. 우리나라의 경우 태양전지시설 설비비는 kWh당 1,000만 원이지만 정부에서 70%를 보조금으로 지원하고 있다.

조차와 수차를 이용한 에너지 생산

바다는 지상의 모든 사람들이 1년간 사용하는 전기량의 4,000배나 되는 37조kWh와 맞먹는 에너지를 태양열로 흡수하고 있다. 게다가 바다는 파도 에너지, 조석 에너지, 해류 에너지, 바이오매스 에너지 그리고 온도차 에너지까지 다양한 모양의 에너지를 갖고 있다. 그러나 오늘날 실용화되고 있는 에너지는 바다의 밀물과 썰물의 차이를 이용하는 조력 발전이나 일부 파도력 발전뿐이다. 조수간만의 차이가 클 경우는 하구나 만을 방조제로 막아 해수를 가두고 수차발전기를 설치하여 수위차를 이용하여 발전하는 방식으로 전기를 얻을 수 있다.

영국의 경우 조력발전으로 평균 4GWh의 전력을 생산해 전체 전기의 5%를 차지하고 있다. 연료비가 들지 않지만 투자비가 크고 건설 기간과 수익회수기간이 길어 경제성이 떨어지는 단점이 있어 최근에는 댐을 쌓지 않고 터빈만 장치해 설비비를 줄이며 전기를 생산하는 방법이 도입되었다. 그러나 조수의 위치변화 때문에 평균전력이용률은 전체 설치된 터빈 설치용량보다 훨씬 작다. 한편, 파도를 이용한 파도력 발전도 가능하나 효율성이 떨어져 몇백kWh급 소형발전소의 건설이 추진되는 정도이다.

현재 영불 해협을 비롯하여 남북아메리카, 중국, 러시아 그리고 우리나라 서해의 인천만, 아산만, 가로림만, 천수만 등을 포함하여 세계

도처에는 조석의 차가 크게 벌어지는 곳이 많다. 이런 곳을 이용하여 조력발전을 한다면 수력발전의 4배가 넘는 10억kWh의 전력을 생산할 수 있다. 아직은 막대한 건설비 때문에 주춤한 상태이지만 21세기 중반에 화석연료 자원이 바닥나면 조력발전은 다시 각광을 받게 될 것으로 전망된다.

새로운 자동차연료 바이오매스

바이오매스는 태양의 빛 에너지가 유기물로 고정화된 것으로 나무, 숯, 동물폐기물, 농업폐기물 등이 있다. 화석연료와는 달리 지구 생태계에 순환하는 탄소량에 변화를 주지 않기 때문에 지구온난화 진행을 억제시키는 데 기여한다. 이들을 발효시키면 메탄이나 에탄올을 만들어 연료로 이용할 수 있다. 브라질에서는 사탕수수로부터 만든 에탄올을 자동차 연료로 사용하고 있고 선진국에서는 도시폐기물에서

기존에 석유나 가스를 사용하던 자동차 원료가 변화하고 있다. 메탄이나 에탄올을 연료로 달리는 자동차나 수소전지를 활용한 자동차가 속속 개발되고 있다. 순환형 에너지를 바탕으로 한 하이브레이드카는 현재 일본과 미국 등지에서 상용화 단계에 이르고 있다.

발생되는 메탄가스가 발전용 연료로 사용된다. 우리나라에서도 난지도에서 발생하는 메탄가스로 전기를 생산하는 장치가 대규모로 시설되고 있다. 또한 유채기름 등 식물성 유지를 이용한 디젤 엔진 자동차의 실용화로 추진되고 있다.

수소 에너지는 미래의 청정 에너지원으로 수소가 연소할 때 극소량의 질소가 생기는 것을 제외하고는 공해물질이 전혀 배출되지 않으며 직접연소를 위한 연료 또는 연료전지 등의 연료로 사용이 간편하다. 또한 무한정 자원인 물을 이용해 만들 수 있고 가스나 액체로 손쉽게 저장 및 수송할 수 있는 장점이 있어 자동차 연료로 각광받고 있다. 50년 뒤에는 물에서 분해된 수소가 대부분의 석유를 완전히 대체할 것으로 전망된다. 수소연료전지 자동차도 속속 개발돼 앞으로 전 세계 자동차 시장의 10% 이상을 대체할 것으로 예측된다.

한편 산림자원이 풍부한 북유럽은 목재를 주연료로 사용하고 있는데 그 비율이 핀란드 20%, 스웨덴 17.3%, 오스트리아 10%에 이르고 있다. 우리나라도 산림자원이 비교적 풍부한 나라여서 숲 가꾸기 등 간벌을 통해 나온 목재들을 잘 이용한다면 상당량의 원유수입을 대체할 수 있다. 나무는 석유와는 달리 아황산가스나 질산가스가 전혀 배출되지 않아 친환경적이다. 우리나라도 이미 농촌에 기름목재 겸용 보일러를 보급하고 있으며 이 경우 50% 이상 난방비용을 절약할 수 있다.

나무를 살리고 사람을 살리는 숲의 보호

숲은 생명의 보고이다

식물체는 햇빛을 흡수하고, 잎의 표면에서는 물을 증산시키면서 주위의 열을 기화열로 소비하기 때문에 기온변화를 적게 한다. 또한 빗물을 가두어 자연저수지 역할을 수행한다. 반대로 삼림의 파괴는 토양 유실, 토사붕괴, 홍수, 한발 등을 심하게 만드는 요인으로 꼽히고 있다.

숲이 싱그러운 이유는 맑은 공기와 물이 있기 때문이다. 숲은 빗물을 저장해서 사람을 비롯한 모든 동식물들을 번성하게 해주고 삶의 보금자리를 제공해준다. 연간 산림에 내리는 823억 톤의 강수량 가운데 41%인 339억 톤은 증발돼 공중으로 날아가고, 37%인 304억 톤은 홍수 때 쓸려가며 나머지 22%인 180억 톤만이 시냇물을 이뤄 흘러내리게 된다. 따라서 숲이 많으면 홍수를 막아줄 뿐만 아니라 물을 정화시켜주고 공기도 맑게 해준다. 숲 1ha는 7,800명이 호흡할 산소를 뿜어내며 연간 4.6톤의 이산화탄소를 흡수한다.

2005년 FAO가 발표한 세계의 산림면적은 38.7억ha로 이중 95%가 천연림이고 5%가 인공림이다. 세계 전체 육지 면적의 29.6%가 산림으로 덮여 있고 그 중 열대림이 47%, 한대림 33%, 온대림 11%, 아열대림이 9%이다. 지금 인류는 지구상의 삼림의 1/3을 파괴시켰으며 지금도 매년 약 1,000만ha의 삼림이 파괴되고 있다.

세계의 삼림에서 얻어지는 목재의 절반은 연료로 사용되고 있으며 나머지는 건축, 합판, 종이, 산업용으로 쓰이고 있다. 제3세계의 연료

세계 삼림의 변화

국가/지역	총 삼림 면적 (100만ha)	산림면적비 (%)	산림경작면적 (1000ha)	1990~2000 연간 산림 변화(1000ha)	연간변화비율 (%)
아프리카	650	21.8	8,036	−5,262	−0.8
아시아	548	17.8	115,847	−364	−0.1
유럽	1039	46.0	32,015	881	0.1
북중부 아메리카	549	25.7	17,533	−570	−0.1
오세아니아	198	23.3	2,848	−365	−0.2
남아메리카	886	50.5	10,455	−3,711	0.4
대한민국	6.25	63.3	753	−5	−0.1
세　계	3869	29.6	186,733	−9,311	−0.2

(State of the world's forests, FAO, 2005)

숲은 생명의 보고이다. 인류는 숲이 생기면서 문명을 만들기 시작하였으나 그 숲의 고마움을 모르고 나무를 함부로 베어내고 숲을 파괴하고 있다. 지금 인류는 지구상의 삼림의 1/3을 파괴시켰으며 매년 1,500만ha의 삼림이 파괴되고 있다.

용 나무는 삼림 파괴의 주된 원인으로 인도네시아와 브라질에서는 삼림지대로의 집단 이주가 이루어져 이로 인해 매년 25만ha의 삼림이 파괴되고 있다. 또한 선진국 사람들의 풍요로운 생활을 지탱하기 위해 열대우림이 희생되고 있는데 열대지방의 대부분의 나라들은 옥수수, 사탕수수, 고무 등 환금작물을 재배하기 위해 삼림을 파괴하고 있다. 중앙아메리카에서는 쇠고기의 생산을 위한 소 방목용으로 열대림의 2/3를 잃게 되었는데, 이들 고기는 햄버거 등 패스트푸드용으로 소비되고 있다.

인류문명은 숲이 생기면서 시작되었는데 인류는 그 숲의 고마움을 모르고 나무를 함부로 베어내고 숲을 파괴하고 있다. 여러 고대 문명들이 멸망의 길로 들어선 것 또한 이러한 행위에 대한 응보였다. 현대 인류문명도 원시림을 계속 파괴해왔는데 근래엔 세계적인 거대기업들이 원시림에 진출하여 종이를 만드는 원료인 펄프, 또는 고급 가구를 생산하기 위해서 아름드리나무들을 마구 베어내 원래 60억ha에 달했던 열대원시림이 이제는 20억ha도 남지 않게 되었다.

우리나라 숲의 현주소

우리나라는 해마다 소양댐 10개에 담을 만한 양의 깨끗한 물이 숲에서 흘러나온다. 따라서 대규모 산사태나 도시의 홍수는 주변의 나무들을 마구 베어내고 도로를 내거나 아파트를 짓는 등 숲을 파괴한 난개발 때문이다. 서울을 비롯한 대도시에서 열대야 현상이 점점 늘어나는 것은 아스팔트 도로나 시멘트 건물로 뒤덮이면서 숲이 줄어들어 생

1700년대 거대한 산업화의 영향으로 화석연료의 대량연소가 시작되었다. 각종 에너지를 얻기 위하여 화석연료를 소비했으며, 늘어나는 인구에 따른 식량과 주거를 위해 삼림을 훼손하였다. 이것은 산림의 파괴와 더불어 매년 대기 중의 이산화탄소를 73∼91억 톤 정도 증가시켰다.

기는 현상이다.

숲은 대기 중의 오염물질을 빨아들여 대기를 맑게 유지시키는데 특히 은행나무, 아카시아나무, 소나무, 잣나무, 가죽나무 등은 대기정화 능력이 크다. 소나무 한 그루가 연간 탄산가스 11kg, 아황산가스 20g, 이산화질소 5g을 흡수한다. 현재 전 세계의 숲이 흡수할 수 있는 탄소의 추정치는 연간 40억 톤으로 총 탄소 배출량인 88억 톤의 절반에 가깝고 지구온난화와 산성비를 일으키는 대부분의 오염원들을 제거한다. 숲의 토양생태계는 산성비를 중성으로 바꿔주고 질산성 질소와 같은 영양물질을 줄이는 정화기능도 한다. 또한 숲은 노화를 방지해주고 살균작용이 있는 물질인 피톤치드와 정유성분인 테르펜을 방출해 사람들에게 유해한 병원균들을 죽이고 스트레스를 없애주는 효과가 있어 휴양에 더없이 좋다. 이외에도 야생동물의 보호, 토사붕괴 방지나 정수기능 등 숲이 사람들에게 제공하는 문화적 가치는 돈으로 따질 수도 없을 정도로 크다.

보통 나무 한 그루가 4명이 마시는 산소를 선사하고 도시의 가로수는 길의 온도를 2.6~6.8도나 낮추며 습도 포함 무려 9~23%를 높여 준다고 한다. 대구는 분지 특성상 여름에 가장 무더운 도시로 알려졌지만 20여년 간 지속적으로 나무를 심은 결과 이제는 여름 온도가 3~6도 가까이 떨어져 시원한 도시로 탈바꿈하였다.

임업연구원은 숲이 우리에게 주는 혜택을 돈으로 환산해 발표했는데 2000년 기준으로 우리나라의 삼림 643만ha가 연간 제공하는 공익기능은 국민 1인당 106만 원꼴인 50조 원에 이르는 것으로 추정됐다. 가장 큰 기능은 대기정화로 13조 5천억 원, 수자원 함양기능은 13조 3천억 원, 토사유출방지기능은 10조 원, 삼림휴양기능은 4조 8천억 원이었다. 숲은 참으로 아낌없이 베푸는 나무로 가득 차 있다. 따라서 인류가 지구온난화로 인한 기상이변 같은 환경 파괴의 재난으로부터 벗어날 수 있는 최선의 길은 숲을 가꾸는 일이다.

온실가스를 제거하는 방법들

이산화탄소를 제거하라

이산화탄소를 제거하는 방법은 여러 가지로 모색되고 있다. 화력 발전소와 같은 이산화탄소의 대량 발생원의 경우는 이산화탄소를 분리 회수하여 심해나 폐유전에 폐기하여 제거하는 방법과 화석연료의 연소 전에 탄소를 제거하여 사용하는 방법이 제안되고 있다. 또 하나의 제거방법은 이산화탄소를 분리 회수하여 메탄올을 합성하는 방법인데, 이 방법은 이산화탄소의 억제 및 제거를 겸한 대책법으로서 주목되고 있는 방법이다.

바다를 이용한 이산화탄소 제거

이산화탄소는 가장 안정한 탄소화합물로 이를 산, 알데히드, 알코올, 탄화수소, 합성가스 등 유용한 탄소화합물로 전환하기 위해서는 에너지원과 환원제가 필요하다. 수소는 환원제로써 가장 효과적인 물질이다.

이산화탄소 수소화에 의한 메탄올 제조기술 개발은 최근 10년간 이산화탄소 화학적 전환연구 분야 가운데 연구가 가장 많이 진행되었으며, 국내에서도 화학연구소, KIST, KAIST, 포항공대 등 여러 그룹들이 이산화탄소 수소화에 의한 올레핀 제조, 메탄올 합성, 디메틸에테르 제조 등의 연구를 수행하고 있다. 그러나 이산화탄소의 수소화 공정들은 사용되는 수소의 제조 원가가 비쌀 뿐만 아니라 메탄올 합성의 경우 이산화탄소의 수소화 반응 중에 물로의 손실이 이 반응의 경제성을 떨어뜨리는 문제가 있다.

그리고 다음 대기 중의 희박한 이산화탄소를 제거하는 수단으로서 해양을 이용하는 방법이 제안되고 있다. 해양은 이산화탄소를 제거하고 고정하는 잠재적 능력이 있다. 대기 중에는 탄소환산으로 약 7,000억 톤의 이산화탄소가 존재하고 있으나, 해양에는 그 약 50배 되는 양의 이산화탄소가 화학적으로 용해되어 있다. 지구 표면의 71%를 점하는 해양은 증대하고 있는 대기 중의 이산화탄소를 충분히 흡수할 능력이 있다. 해양에는 플랑크톤, 해조, 산호 등 여러 가지 생물이 있는데, 이러한 생물의 생화학적 작용을 이용하여 이산화탄소를 제거할 수 있다. 해양에서의 생물체의 광합성 생산량은 탄소환산으로 연간 290억 톤으로 추산되고 있다.

해양의 경우 식물 플랑크톤에 의해 고정된 이산화탄소는 해양 깊이 운반되어 평균수심 3,800m의 해양 중 전체에 막대한 양이 흡수, 고정된다. 해양에서는 태양, 해류, 조류, 파력, 온도차, 농도차 등의 풍부한 자연 에너지의 이용이 가능하다. 1년간 해양에 쏟아지는 태양 에너지의 양은 인류가 매년 소비하는 양의 1만 배나 된다. 물론 이러한 에너지를 수송하고 저장하며 얻는 효율을 생각한다면 실현성이 매우 적지만 이러한 자연 에너지를 이산화탄소의 고정 에너지로서 해양에서 이용하는 경우에는 매우 효율이 높다.

프레온가스의 제거

직접적인 온실효과 방지전략 중 다른 하나는 염화불화탄소계통의 프레온가스 제거대책이다. 이는 어떤 면에서 기후변화를 늦추는 노력으로 가장 쉬운 방법일 것이다. 기후변화를 늦추기 위한 세계적 활동 중 결정적인 초기 실험으로 꼽히고 있기도 하다.

염화불화탄소는 현대 산업화학물 가운데 하나로 80년대에는 온실효과를 가중시키는 요인 중 대략 25%를 차지하기도 했다. 염화불화탄소는 성층권 내의 오존층을 고갈시키는 원인이 되기 때문에 다른 온실기체보다 그 사용을 제한하려는 노력이 훨씬 크다.

염화불화탄소의 주요 발생국가인 미국에서 '염화불화탄소의 온실효과 기여도'는 40%에 이를 정도로 컸고, 일본에서도 50% 이상을 차지했다. 70년대 이래로 염화불화탄소 사용의 증가추세가 둔화되었지만 다른 온실효과 기체보다 훨씬 빠른 속도로 축적되었다. 70년대 초에 미국은 분사식 에어로졸에 염화불화탄소 사용을 금지시켰고 여러 국가들이 이를 따랐다. 오존이 고갈되고 있다는 확증이 짙어가면서 염화불화탄소의 통제 노력이 80년대에 국제적으로 시작되었다. 수년간의 협상 끝에 1987년 몬트리올에서 여러 나라의 참석자들이 즉각적으로 염화불화탄소 생산량을 동결시킬 것과 2000년까지 방출량을 반으로 삭감시키기로 합의했고 1997년부터는 선진국에서의 생산이 전면 중단되었다.

많은 양의 염화불화탄소가 이미 냉장고와 냉방기에 함유되어 있고 거품을 일으키는 다양한 제품들에서 나온 대기유해가스가 지속적으로 대기권으로 방출되고 있다. 다행히도 염화불화탄소의 방출을 억제하는 일은 비교적 큰 어려움 없이 진행되고 있다. 울산화학은 2005년 2월 세계에서 4번째, 우리나라 최초로 UNFCC에서 '온실가스 HFC23 소각시설'을 CDM 사업으로 인정받았다. 이 시설을 통해 연간 감축되는 온실가스는 이산화탄소 기준으로 140만 톤에 이른다. 톤당 10달러 이상으로 거래되므로 연간 2000만 달러에 이르는 수익이 예상된다. 이 화학물질을 대체할 수 있는 물질이 이미 이용 가능하고 다른 물질들도 급속히 개발되고 있다. 대기권에서 염화불화탄소를 제거하는 기술개발까지 진행되고 있다.

이스터 섬이 전하는 인류문명의 비극

숲이 망가지면서 파괴된 모아이족의 문명

많은 역사적인 사례들 중에서 거대한 모아이 석상으로 유명한 남태평양상의 이스터 섬의 문명은 인간의 자원낭비로 인한 생태계 파괴가 한 문명을 어떻게 비참하게 멸망으로 몰고 가는가를 잘 보여준다.

이 섬의 크기는 160km²로 남아메리카로부터 서쪽으로 대략 3,200km에 떨어진 곳에 위치해 있다. 칠레에 속한 지구상에서 가장 고립된 섬으로 18세기 초 이곳이 처음 서방세계에 알려지기 전까지 여기 살던 원주민들은 다른 세상이 존재한다는 사실조차도 몰라 섬의 이름도 없었다고 한다.

1722년 부활절에 처음 네덜란드의 탐험가 야콥 로헤벤에 의해 이

섬이 발견되었을 때 인간의 형상을 한 수많은 석상들이 바다를 향해 있었는데 그 중 몇 개는 높이가 10m, 무게가 82톤에 달했다. 당시 보였던 이스터 섬의 모습은 인구가 2,000여 명으로 사람들은 식량부족으로 영양실조상태에 있었고 서로를 잡아먹던 식인사회였다고 한다.

고고학자들은 이 같은 미개인들이 그토록 거대한 석상을 세웠다는 사실을 의아했는데 유적발굴작업이나 꽃가루 분석, 탄소동위원소 분석 등 각종 자료로 이 섬의 역사를 연구한 결과 이스터 섬이 한때는 인구 2만여 명이 발달된 행정조직을 갖고 질서 있는 생활을 영위하는 풍요로운 사회였음을 밝혀냈다. 그리고 원주민들이 주로 먹던 음식도 발

이스터 섬의 비극이 인류문명에게 시사하는 바는 남다르다. 2~3세기경 모아이족들이 풍요로웠던 때에 잉여 노동력을 이용해 사람을 닮은 거대한 돌조각상을 만들었는데 이것을 나르기 위해 밧줄과 목재가 많이 필요했고 이 때문에 숲을 훼손시키면서 생태계 파괴로 멸망하게 된 것으로 추정된다. 물을 저장하는 숲이 망가지면서 곡물을 생산하던 농토가 사라지고 배를 만들 나무들도 더 이상 찾을 수없게 되었던 것이다.

견될 당시에는 해안에서 잡을 수 있는 조개나 생선종류였던 바와는 달리 바다 먼 곳에서 사냥해온 돌고래였다고 한다.

2~3세기경 모아이족들이 풍요로웠던 때에 잉여노동력을 이용해 사람을 닮은 거대한 돌조각상을 만들었는데 이것을 나르기 위해 밧줄과 목재가 많이 필요했고 이 때문에 숲을 훼손시키기 시작하면서 결국 생태계 파괴로 멸망하게 된 것으로 추정되었다.

물을 저장하는 숲이 망가지면서 곡물을 생산하던 농토가 사라지고 배를 만들 나무들도 더 이상 찾을 수 없게 되었던 것이다. 이에 따라 바다로부터 해산물의 수확도 불가능하게 되었고 거주지를 만들 재료도 고갈되어 사회조직이 붕괴되어갔다. 한때 모아이라는 거대한 석상을 세웠던 조직적인 사회가 숲을 차지하기 위해 끊임없이 전쟁을 벌이다 함께 멸망해가고 있었던 것이다.

이러한 역사적 사실은 이제 국제화된 지구 전지역에서 그대로 되풀이될 수 있다는 교훈을 보여준다. 지금도 인간들은 개발이란 미명하에 끊임없이 숲을 파괴하고 권력을 쟁취하기 위해 평화보다는 전쟁을 택하기 때문이다.

자연을 지키는 삶이 인간을 지키는 삶

사실상 현재 이상기후를 가져오고 있는 지구의 대기와 해양의 대순환에 이변을 일으킨 주범은 대량생산, 대량소비 및 대량 쓰레기폐기를 지구상에 확산시켜온 서구의 물질문명이다.

그럼에도 불구하고 국민 한 사람이 지구인 평균의 10배가 넘는 에너지를 소비하는 미국은 부시가 교토협약을 무시한 것에서 볼 수 있듯이 기후변화를 막기 위한 국가적 전략이 거의 없다. 반면 유럽연합들은 기후변화를 해결하기 위해 적극적으로 노력하고 있다. 사회 시스템과 생활양식의 변화를 통해 에너지와 물질의 소비를 크게 줄이고 재생가능 에너지를 확대하여 온실가스 방출량을 50년 안에 90%를 줄이겠다는 계획을 짜놓고 이를 실행중이다.

미국을 그대로 좇는 우리나라도 거의 무대책으로 일관하고 있다. 끊임없는 물질적 성장을 경쟁적으로 추구하는 세상이니 이런 흐름에서 그럴 마음이 생기기가 쉽지 않다.

그러나 기후변화는 우리에게 대단한 위기이자 또한 기회이다. 이것이 계기가 되어 화석연료에서 벗어나고 물질과 에너지 소비를 줄이고 생태친화적인 삶을 다시 만들 수 있기 때문이다. 만일 에너지와 식량의 수입이 어려워지면 소비를 줄여야 하는 것은 물론이고 자기 주변에서 필요한 모든 것을 얻어야 한다. 쿠바의 경우는 구소련의 체제가 무너지면서 미국의 경제제재로 원유뿐만 아니라 식량이나 비료, 농약의 수입이 불가능해지자 국가비상사태를 선포하고 유기농을 보급해 식량자급을 100% 달성해 성공한 사례이다. 그러나 같은 처지였던 북한은 석유수입이 불가능해지자 연료로 나무가 남획되어 숲이 파괴되고 경제가 무너져 500만 명의 인구가 줄어들 정도로 기아가 만연돼 아직도 회복하지 못하고 있는 형편이다.

우리 아이들의 터전을 생각하자

인류학자들의 연구결과 20세기 초 인류문명의 멸망 가능성은 20% 미만이었으나 21세기를 맞으면서 50%를 넘게 되었다고 한다. 과도한 인구증가, 과학의 발전과 산업화의 확산으로 생태계 파괴가 가속화되면서 우리 아이들이 주인이 될 10년 뒤의 미래조차 낙관할 수 없기 때문이다. 인간의 삶의 질을 높이기 위한 과학의 발전과 산업화가 화석 에너지 과소비를 부추기면서 이제는 오히려 인간을 비롯한 모든 지구 생명체들의 존재를 위협하는 이상기후를 일으키는 지구온난화 등의 자연재앙을 초래하게 되었다.

환경보호의 제1원칙은 에너지 절약

지구온난화로 인한 기후재앙을 방지하는 가장 빠른 길은 우리 모두가 에너지를 절약하여 탄산가스 배출을 줄여 지구 탄소순환의 평형을 되찾는 것이다. 에너지를 절약하는 생활이 처음엔 불편하기도 하지만 점차 익숙해지면 남에게 의지하려는 마음이 없어진다.

그러나 더 중요한 사실은 이러한 생활이 '착한 심성'을 구하는 길이라는 것이다. 자연철학을 주창한 노자는 사람들이 편리함만을 추구하면 게을러질 뿐만 아니라 자꾸 다른 사람이나 사물들에 의지하게 돼 착한 천성을 잃어버린다고 경고했다. 환경을 생각하고 이를 실천하는 자세는 도를 닦는 것과 같다고 생각한다. 곧, 자연의 이치를 이해하고 자연의 균형을 깨뜨리지 않는 올바른 삶의 길을 가는 것이다.

장자의 글 가운데 "스승인 노자가 말하기를 사람이 수고를 덜기 위해서 두레박 같은 기계를 사용하면 편리하지만 사람의 마음도 기계와 같아져서 본연의 순수함과 진실성을 잃어버리기 쉽다."고 경고한 내용이 있다.

환경을 생각하고 이를 실천하는 자세는 도(道)를 닦는 것과 같다고 생각한다. 도란 저절로 그러하다는 뜻인 자연(自然)의 이치를 이해하고 자연의 균형을 깨뜨리지 않는 검소한 삶의 길을 가는 것이다. 올바른 도는 어떠한 조작된 행위(작위, 作爲)도 행하지 않고 자연의 순리에 따라 모든 것을 성취한다. 노자가 말한 무위(無爲)는 아무런 행위도 안 하는 것이 아니라 '무작위'로서 특별한 이기적 목적을 달성하기 위해 자연을 파괴할 수 있는 조작된 행위가 아니라 자연의 길, 즉 있는 그대로 도의 작용에 따라서 행하는 것이므로 결함이 없으나 인간의 작위에는 반드시 결함이 따른다. 이는 화석연료 과용으로 대기 중에 탄산가스가 쌓여 이상기후를 초래하고 핵과학의 발전에 따른 방사능물질의 축적이나 편리하고자 만든 각종 화학물질이 환경호르몬 등으로 작용하여 인류문명을 파국으로 몰고가는 현실과 일치한다. 한편, 인간은 스스로 편리하고자 에너지를 이용해 사람들의 노동을 대신해주는 기계를 만들었지만 아이러니컬하게도 현대인들은 대부분 운동부족으로 인한 비만, 당뇨병으로 고통받고 있다.

전기 생산량은 환경 파괴량에 정비례

국제 에너지기구는 한국의 에너지 정책에 대한 자료에서 우리나라의 국내 총생산 대비 에너지 소비량이 유럽지역 경제협력개발기구 국

우리나라의 총 에너지 소비량은 세계 10위이고 석유 소비는 6위이다. 1인당 에너지 소비량도 일본이나 영국보다 높다. 이렇게 생산된 에너지들은 대부분 화석연료와 인체에 유해한 영향을 미치는 연료들을 기반으로 한다. 에너지 소비 증가는 곧 환경 파괴 요소들의 증가를 말하는 것이기도 하다.

가들 평균의 두 배에 이르며, 1인당 에너지 소비는 20% 이상 더 많다고 발표했다. 우리나라는 국내총생산(GDP) 규모로 세계 10위권이지만 에너지 소비량 규모는 세계 7위에 올라 있다. 에너지 소비 증가율 면에서는 원자재 블랙홀인 중국·인도를 능가할 정도이다. 세계경제포럼(WEF)이 발표한 자료에 의하면 90년부터 2001년까지 한국의 에너지 소비 증가율은 110%로 세계 최고 수준을 기록했다.

전기는 에너지 중에서도 아주 간편하게 사용할 수 있어서 2000년대에 들어서면서부터는 전력 소비량이 200억kWh를 넘어섰고, 전력 수요는 매년 늘고 있다. 이 가운데 가정에서 쓰는 전기는 10%이고, 산업에 쓰는 전기가 56%, 나머지는 서비스업 등에서 사용되고 있다. 전기는 주로 수력·화력·원자력발전소에서 생산되며, 그 비율은 화력이 52%, 원자력 36%, 수력이 12%이다.

그런데 발전소마다 각각 특징이 있어, 전기를 만들면서 온갖 공해 물질을 만들어내고 생태계 파괴의 원인이 되고 있기 때문에 가능하면 에너지를 절약해야 한다. 화력발전의 경우 석탄이나 석유를 많이 소비해 지구온난화 기체인 탄산가스가 대량으로 방출된다. 원자력발전소는 대기를 오염시키는 유해 가스는 안 나오는 대신 인체에 해로운 방사능 물질이 많이 나와 처리하는 데 어려움이 있다. 당장 전기를 싸게 대량 생산할 수 있다는 장점이 있지만, 나중에 핵폐기물 처리 비용을 고려하면 오히려 다른 방법보다 훨씬 더 비싸다고 한다.

더욱이 체르노빌 사고 같은 대형사고의 위험도 도사리고 있다. 이 사고는 한 기술자가 원자로의 비상냉동장치를 실수로 꺼버리는 바람에 일어났는데 체르노빌 발전소를 중심으로 사방 9,000km내 지역의 공기와 땅이 모두 방사능에 오염되었다. 이 사고로 3,000여 명이 죽었고 백러시아 공화국 국민의 20%인 30만 명 정도가 방사능 오염으로 생긴 질병으로 지금까지 병원 치료를 받고 암으로 죽어가고 있다.

더욱이 한번 누출된 방사능이 완전히 사라지려면 적어도 100년은 지나야 하고 방사성폐기물들은 100만 년 이상 안전하게 격리시켜야 한다. 이런 위험성 때문에 유럽에서는 원자력발전소 건설을 중단한 나라도 많고, 독일은 이미 만들어진 원자력발전소조차 앞으로 2021년까지 모두 폐쇄시킬 계획을 세우고 대체 에너지 개발에 큰 노력을 기울이고 있다.

또 수력발전소는 물을 저장하기 위해 강을 막아 댐을 쌓아야 한다.

수력발전소는 물을 저장하기 위해 강을 막아 댐을 쌓아야 한다. 이 때문에 댐 상류의 넓은 지역이 물에 잠기면서 조상 대대로 살던 주민들이 이주하고, 귀중한 문화재나 유적지를 비롯한 소중한 자연이 통째로 물속에 잠기게 된다.

이 때문에 댐 상류의 넓은 지역이 물에 잠기면서 조상 대대로 살던 주민들이 이주해야 하고, 귀중한 문화재나 유적지를 비롯한 소중한 자연이 통째로 물속에 잠기게 된다. 그뿐 아니라 물에 잠긴 지역 부근에는 안개가 심해지고 기온이 떨어져 댐 주변 주민들은 감기에 잘 걸리는 등 생활 자체에 큰 영향을 받게 된다.

에너지 절약을 생활화하자

전기를 만들기 위해서는 이처럼 많은 어려움이 있기 때문에 전기를 낭비하는 것은 그만큼 큰 손실이다. 우리나라 국민 1인당 전기 소비량은 5,500kWh로 1인당 국민소득이 2.5배인 영국과 비슷해, 전기수요가 경제 규모에 비해 과다한 형편이다. 이는 전기수요의 절반 이상을 사용하는 산업시설의 낙후로 인한 에너지 비효율과 상점의 실내등이나 네온사인을 밤새 켜두는 서비스업 부문의 전기 과소비와 함께 우리의 일상생활에서도 전력낭비가 심하기 때문이다.

전력낭비를 줄이는 절약생활의 일례로 식구들이 매일 이용하는 냉장고를 새로 살 때에는 전력소비용량을 꼭 확인해 절전형으로 선택하고 설치할 때엔 벽에서 10cm 정도 떼어야 통풍이 잘돼 전기를 아낄 수 있다. 내용물은 너무 꽉 채우지 말고 60%만 채우고 냉장고 문이 확실히 닫혔나 꼭 확인해야 한다. 내용물을 층별로 잘 정돈하고 칸마다 기록해두면 문 여는 시간을 줄일 수 있어 좋다.

옷을 세탁하거나 다릴 때에도 한꺼번에 모아서 하고 두꺼운 옷부터 다림질해야 전기를 아낄 수 있다. 요즘은 대부분 전기밥솥을 이용해

밥을 짓지만 심야전기는 값이 1/4 밖에 안 되므로 전기밥솥의 타이머를 새벽 4~5시에 맞춰 놓자. 한편 가스 압력솥을 이용하면 금액으로 60-70%의 절전효과가 있다. 부엌에서는 압력솥을 사용하고 가스렌지도 반만 열면 조리 시간은 좀더 걸리지만 가스를 37%나 절약할 수 있다. 제품에 부착된 에너지소비효율 등급라벨이나 에너지절약마크를 확인하고 사자. 또한 절전탭을 사용하면 안전하고 편리하며 대기전력소모가 없어진다.

전기 외에도 생활에서 에너지를 절약할 수 있는 방법들이 많다. 겨울에 현관문이나 창문에 문풍지를 설치해 에너지가 새는 것을 막아주면 집안이 훨씬 아늑해진다. 좀 더 적극적으로 냉·난방용 에너지를 아끼려면 집에 폐열을 회수할 수 있는 환기장치를 설치해야 하는데 공기도 맑아지고 냉난방 에너지를 85%나 회수할 수 있다. 또 태양열 온수기를 설치하고 물을 절약하는 습관을 들이는 것도 에너지를 아끼는 적극적인 방법의 하나이다. 난방용 보일러는 적어도 1년에 두 번은 청소해 분진을 제거해야만 정상적인 열효율을 유지할 수 있다.

실내온도를 1도 낮추는데 에너지가 7%나 절약되므로 도시근로자 가구를 기준으로 연간 1,548억 원이 절감된다고 한다. 식구들이 모두 내복을 입고 난방온도를 낮추는 것도 지구온난화를 방지해 지구를 살리는 지름길이다. 내복을 입으면 실내온도를 6-7도 낮추어도 같은 체온을 유지할 수 있다. 우리 모두가 내복을 입고 겨울철 집안 온도를 25도에서 권장 적정온도인 18도 정도로 낮춘다면 난방비가 일년에 무려 1조 836억 원이 절약된다. 여름철 에어컨 온도는 27도에 맞추고 선풍기도 함께 켜자.

　한편, 현대인들이 자동차 없이 살기는 매우 어렵다. 자동차 한 대가 1년 동안 내뿜는 배기가스(이산화탄소, 질소산화물, 아황산가스)는 평균 약 1톤 정도이며, 교통 체증이 심해 속도가 17km 정도까지 떨어지면 배기가스 배출량이 최고 4배까지 증가한다. 이런 오염을 줄이기 위해서는 몇 가지 방법이 있다.

　첫 번째는 자동차를 항상 잘 정비하는 것이다. 그러면 약 10% 정도 연료를 절약할 수 있다. 자동차에서 흰색이나 검은색 배기가스가 나오면 엔진에 이상이 생겼다는 신호이므로 즉시 수리해야 한다. 경유차량은 매연과 질소화합물 등을 수십 배나 배출하므로 대기오염의 주범이다. 불필요한 짐을 싣고 다니지 않으면 그만큼 연료 사용이 줄어든다. LPG 차량을 이용하면 매연은 거의 없고 질소산화물도 휘발유 차량에 비해 60-70% 적게 배출되므로 대기오염을 방지하는 좋은 방법이다.

　가까운 곳에 갈 때는 자전거를 타는 것이 건강에도 좋고 대기오염도 줄이는 길이다. 요즘에는 동네나 아파트 단지에 자전거 전용도로와 주차시설도 생기고 있다. 자전거는 연료가 들지 않고 주차도 쉽고 보행자에게도 안전하며, 오염을 일으키지도 않는다. 한 사람을 1km 수송하는 데 필요한 에너지량을 계산해보면 자동차가 153Kcal 버스가 570Kcal, 기차가 549Kcal, 자전거 22Kcal이다. 자전거를 타는 것이 지구를 살리는 지름길이다. 학교가 그리 멀지 않은 학생들은 자전거로 통학하는 것이 어떨까.

검소하고 절약하는 생활은 어린시절부터 몸에 배어야 실천할 수 있다. 만일 어린 시절에 에너지를 절약하는 생활실천사항을 동요로 배울 수 있다면 평생 잊지 않고 실천하는 데 큰 도움이 될 수 있을 것이다.

지속가능한 사회를 위하여

에너지 순환이 깨지기 시작했다

우리 인류가 영원히 지구상에서 문화의 꽃을 피우고 살 수 있는 길은 지구 안에서 일어나고 있는 물질과 에너지순환의 균형이 깨지지 않도록 조화를 유지해 온화한 기후를 지속시키는 길뿐이다. 탄소순환 고리가 중간에 끊어지거나 소통이 막히지 않도록 조화로운 에너지의 순환이 이루어져야 한다. 그러나 인류문명은 원시림을 비롯한 자연서식처를 급속히 파괴해 생산자인 녹색식물들은 점점 줄어들고 대량 소비자인 인간과 가축들은 인구증가로 급격히 늘고 있어 이에 따라 폐자원 발생도 크게 늘고 있는 형편이다.

지속가능한 시스템으로의 변화

에너지가 한 형태에서 다른 형태로 전환될 때에는 상당부분이 열에너지로 손실돼 온실가스로 우주로의 열의 방사가 차단된 지구에 폐열 에너지가 쌓이게 된다. 그간 1984년에 일어난 인디아의 보팔가스누출 사건, 1986년의 체르노빌 핵발전소 폭발 사건, 중동전쟁에서 일어난 유전방화 사건 등 생태계를 파괴할 수 있는 가공할만한 대형 사건들도 주변생태계에 엄청난 환경재앙을 가져왔고 생태계의 균형에 금을 가게 만들었다.

'다음 세대에도 인간은 과연 생태계를 파괴하지 않고 자연과 공존할 수 있을까?' 이러한 환경 파괴에 따른 위기감의 고조는 1980년대 환경의 질을 손상시키지 않고 현세대 사람들의 욕구를 충족시켜주는 지속가능 시스템을 추구하는 운동으로 발전하게 되었다.

UN 산하 '환경과 개발에 관한 세계위원회(WCED)'가 1987년 출판한 「부룬란트 보고서(Brundtlant Report)」에 따르면 환경적으로 건강하고 지속가능한 발전(environmentally sound & sustainable development)을 "장래세대의 능력을 손상시키지 않고 현세대의 수요를 충족시키는 것"으로 정의하고 있다. 1992년 브라질의 리우데자네이루에서 열린 지구정상회의에서는 580

인류가 지구상에서 문화의 꽃을 피우고 살 수 있는 길은 에너지순환의 균형이 깨지지 않도록 조화를 유지해 온화한 기후를 지속하는 길뿐이다.

쪽에 달하는 행동계획이 담긴 「의제21 *Agenda21*」을 이끌어냈고 '유엔 지속가능 발전위원회'를 탄생시켰다. 리우회의 10주년이 되는 2002년 엔 '지속가능 발전세계정상회의'가 남아프리카공화국 오하네스버그 에서 개최되어 그 동안의 추진실적을 평가하고 이후의 지속가능 발전 전략을 마련했다.

현대문명에 대한 끊임없는 경고

이미 멸망한 고대 인류 4대 문명에서 보여주고 있듯이 자원과 에 너지를 더 이상 확보할 수 없게 될 때에 문명은 멸망하지 않을 수 없 다. 지금 우리의 현대 문명도 균열이 보이기 시작하고 있다. 과학은 자연의 법칙을 연구해 알게 된 지식으로 분야별로 다양하고 서로 연 관성이 있다. 따라서 이러한 법칙들을 우리 생활에서 편리하게 이용 하려면 다른 법칙들과 통합적으로 적용시켜 그 상호 관계를 충분히 예측한 후에 부작용이 생기지 않도록 조심스럽게 실생활에 적용시켜 야 할 것이다. 그렇지 않고 당장 필요하다고 대량 생산해 함부로 사용 한다면, 오존층을 파괴해 지구전체를 위태롭게 만드는 물질로 드러난 프레온가스나 동물의 대량멸종을 초래하고 있는 DDT의 비극이 되풀 이될 것이다.

자연과 인간을 위한 과학발전이 필요하다

20년 전 처음 독일 베를린에 유학 갔을 때 집세도 안 받고 가난한 우리 부부를 함께 살게 해주셨던 음악가 바그너 할아버지의 현대문명

지속가능한 사회를 보장하기 위해서는 자원과 에너지의 순환을 기조로 하는 순환형 시스템을 만들어 가야 한다. 생태계 변화에 책임을 느끼는 자기반성과 더불어 환경을 되살리기 위해 에너지 절약을 실천해야 한다.

에 대한 경고가 떠오른다. 과학기술을 발전시켜 개발한 대량 살상무기로 다른 문화권을 침탈해 무고한 수많은 사람들을 죽이며 식민지를 넓혀온 서양의 물질문명이 결국에는 지구생태계 전체를 파괴해 인류문명을 절멸의 위기로 이끌고 있다고 걱정하셨다. 그때 바그너 할아버지는 노자의 무위자연설을 가르쳐주셨다. 인간들이 이익을 취하기 위해 인위적으로 자연을 조작하면 재앙이 내릴 수 있으므로 자연과 인간의 상생을 위해 과학의 사용을 조심해야 한다고 하셨다.

툰드라 지역에 사는 레밍스라는 들쥐 떼는 서식 화경이 좋아 숫자가 크게 늘면 밤낮 없이 떼지어 몰려다니다가 바닷물에 뛰어들어 집단자살한다고 한다. 동물심리학자들은 이 현상을 경쟁적인 집단의식 때문이라고 풀이하는데 우리 인간에게도 똑같이 적용되는 것 같다. 첨단

기술 경쟁으로 얻은 경제력을 독점하기 위한 개발 경쟁은 결과적으로 대규모 자원 낭비와 오염물질 배출로 이어지는 '자살 문명' 인 셈이다.

　　지속가능한 발전 사회를 보장받기 위해 우리는 현재 우리 사회의 쓰고 버리는 쓰레기 양산 시스템이 아닌 자원과 에너지의 순환을 기조로 하는 순환형 시스템으로의 전환이 필요하다. 또한 사람들 모두 생태계 파괴에 책임을 느끼는 자기반성이 필요하고 환경을 되살리기 위해 에너지 절약 등 일상에서의 실천에 스스로 참가해야 한다. 우리 지구촌 식구들 모두 생활 속에서 에너지와 자원을 절약하기 위해 꼭 지켜야 할 '환경십계명' 과 지구를 사랑하는 마음을 담은 '지구를 위하여', '우린 절약이 가족' 을 노래로 만들어보았다(www. singreen.com).

환경십계명

하나_ 생명의 근원인 자연을 내 몸같이 사랑하자.

둘_ 말 못하는 동식물을 괴롭히지 말자.

셋_ 검소함을 자랑삼고 사치를 부끄러워하자.

넷_ 간소한 식단으로 음식물을 남기지 말자.

다섯_ 쓰레기 분리와 재활용을 생활화하자.

여섯_ 전기와 물을 아끼자.

일곱_ 일회용품을 쓰지 말자.

여덟_ 냉난방을 자제하자.

아홉_ 자전거와 대중교통을 애용하자.

열_ 환경범죄는 128로 고발하자.

우린 절약이 가족

작사 · 작곡 | 이기영

지구를 위하여

작사 | 이기영
작곡 | 이기영, 임성수

지구에 사는 한 사람의 이야기

요즘 지구가 심상치 않다. 지구촌 곳곳이 이상기후로 몸살을 앓고 있으며 지진과 해일로 수천에서 수십만의 인명이 순식간에 희생되는 일이 연속적으로 일어나고 있다. 지구온난화로 열에너지를 많이 갖게 된 지구가 에너지를 주체하지 못해 이곳저곳에 분출시켜 생기는 현상이 아닐까?

분자나 미생물의 세계 등 극미의 세계로부터 거시적인 우주까지 세상을 크고 넓게 보면 자연의 모든 살아있는 존재들은 서로 물질과 에너지를 주고받으며 유기적으로 하나의 생명체처럼 사는 것을 알 수 있다. 물론 이 에너지는 대부분 태양으로부터 받은 빛에너지이다. 이 복사에너지의 양이나 흐름에 따라 지구 전체의 기후가 변하면서 모든 생명체들은 날씨와 기후변화에 종속되어 살아왔다. 결국 이 기후변화는 생물진화의 원동력으로 작용해 지구생태계는 현재의 모습을 갖추게 된 것이다. 그런데 요즘 기후를 결정하는 에너지 소통의 균형이 깨지고 더구나 에너지와 물질소통의 매개체인 공기와 물, 흙이 오염되면서 지구생태계에 이상신호가 감지되고 있다. 과학의 발전과 산업화로 초래된 화석에너지 과용으로 공기 중에 이산화탄소농도가 높아지자 지구에서 우주로 방출되는 복사에너지가 막혀 지구는 점점 더워지고 있는 것이다. 이 때문에 지구온난화가 초래돼 폭풍이나 해일, 게릴라성 폭우, 열파 등 이상기후가 지구촌 도처에서 인류를 위협하고 있다.

자연의 질서는 하루아침에 이루어진 것이 아니다. 탄소를 기본원소로 태양에너지를 흡수해 생성된 모든 생명체들은 수천만 년에 걸쳐 만들어진 정교한 퍼즐처럼 무기물질인 공기나 물, 토양을 매개로 서로 영양물질과 에너지를 교환하면서 균형과 조화를 이루며 살고 있다. 만일 퍼즐 일부분이 갑자기 커지거나 작아지게 되면 전체가 뒤틀리게 되거나 구멍이 생겨 한꺼번에 무너지듯이 생태계도 스스로 자정시킬 수 있는 완충범위를 벗어나 큰 변화가 생긴다면 재난을 맞게 된다. 지구생태계에서 탄소의 균형은 특히 중요하다. 식물체가 이산화탄소를 흡수해 광합성을 통해 햇빛에너지를 고정한 결과 포도당이 생기고 이것이 전분이나 셀룰로오스 같은 유기물들을 형성해 생태계 내의 생산자인 식물의 몸을 이룬다. 소비자인 동물은 식물을 섭취해 물질과 에너지를 공급받는다. 탄소는 이렇게 에너지를 화학적 형태로 저장할 뿐만 아니라 산화된 기체형태인 이산화탄소는 열을 붙잡아 가두는 역할을 한다. 따라서 탄소는 에너지 저장체이자 운반체이므로 지구의 탄소배분과 균형이 기후를 좌우하는 역할을 하고 있다.

생태계의 번성과 쇠태는 사실 과거에도 수없이 일어나 이미 지구는 생물의 90% 이상이 사라지는 대멸종을 다섯 차례나 경험한 바 있다. 지구대멸종은 지구공전주기에 따라 태양빛의 세기가 약해져 10만 년을 주기로 찾아오는 빙하기의 도래에 의해 일어나거나, 갑작스런 해저화산의 폭발, 또는 소행성의 충돌로 야기돼 생긴 먼지가 수년 동안 햇빛을 가려 가뭄과 한발을 가져와 지구생태계에 치명타를 가했다. 6,500만 년 전 멕시코 만에 떨어진 10km 크기의 소행성 충돌은 황산염과 엄청난 양의 먼지로 이루어진 에어로솔을 대기 중에 쏟아내 성층권까지 올라가며 햇빛을 가리자 가뭄과 한발로 당시 수천만 년간 생태계의 강자로 군림해온 공룡들의 왕국을 단시간 내에 절멸시켜버렸다.

그러나 요즘 일어나고 있는 기상이변과 환경호르몬으로 인한 동물멸종문제, 암과 아토피의 급증, 유전자 조작 등의 생명변형으로 인한 동식물의 왜곡은 이 같은 주기적인 자연현상이나 우연으로 일어난 사고가 아니라 첨단과학기술경쟁으로 사람들이 스스로 자초하고 있는 것이다. 과학기술의 발전이 가져온 산업화로 수천만 년간에 걸쳐 만들어진 석유나 석탄 같은 화석에너지가 미국 등 선진국들의 과소비로 단 몇 십 년 만에 고갈되면서 대기 중 이산화탄소농도가 유래 없이 높아져 지구온난화가 초래됐다. 수억 년 전 삼림이 지하에 매몰 · 탄화되어 형성된 석탄이나 석유 등의 화석연료를 사용하게 되면서 갑자기 공기 중에 이산화탄소 농도가 두 배 이상으로 높아져 생기고 있는 현상이다.

더구나 오래 전부터 과학자들은 해저 핵실험 뒤 생긴 방사능 물질의 이동 경로를 추적하다가 염도가 높은 북대서양 난류가 북극의 빙하와 부덮쳐 차가워지면서 밀도가 높아져 하강하는 힘으로 대양 심해류가 형성된다는 사실을 발견했다. 그러나 최근 이 해류의 하강 속도와 깊이가 점점 줄어들고 있다. 이것은 극지방의 얼음이 녹아 바닷물의 염도가 낮아지면서 밀도가 떨어지고 있기 때문이다. 이 현상은 북대서양 난류가 멈출 수 있다는 과학적 증거로, 엘니뇨와 라니냐의 원인으로도 보인다. 또한 적도의 열을 지구 북반구에 골고루 나누어주는 이 해류가 완전히 소멸되면 갑자기 지구에 빙하기가 올 수 있다는 사실을 뒷받침한다. 빙하기가 되면 지금보다 지구 평균기온이 3-5도 정도 떨어지면서 지구의 북반구가 얼음으로 덮혀 모든 생태계의 활동이 크게 위축되면서 식량의 절대부족을 초래해 인류문명이 절멸의 위기에 빠지게 된다. 2004년 초에 공개된 미국의 「마샬보고서」는 이러한 위기가 20년 내에 일어날 수 있음을 경고하고 있다.

이젠 온난화에 의한 생태계 파괴로 절멸의 위기에 처한 인류문명을 구하기 위해 지구촌 시민 개개인이 나서야 한다. 시민단체들은 시민들에게 환경의 심각성을 알리고 시민들은 검소와 절약으로 물질문명의 낭비를 막아야 한다. 브레이크 없이 전속력으로 달리는 기관차 같은 이 자살문명의 파국을 막는 일은 우리 하나하나의 작은 실천에서 시작될 것이다.

2005년 5월

이 기 영

참고문헌

1. 「녹색평론」 76 · 79호, 녹색평론사, 2004.

2. 대한과학 진흥회, 『뜨거워지는 지구』, 효성사, 2002.

3. 박헌렬, 『지구 온난화 그 영향과 예방』, 우용출판사, 2003.

4. 실베스트르위에, 이창희, 『기후의 반란』, 궁리출판, 2002.

5. 오재호, 『지구환경과학』, 신광출판사, 2003.

6. 이기영, 『노래하는 환경교실』, 현암사, 2003.

7. 제임스 L. 리건스 · 로버트 W. 라이크로포트 공저, 『산성비』, 대영출판사, 1992.

8. 「함께 사는 길」 127 · 133 · 134 · 136호, 환경운동연합, 2004.

9. 강형일 · 김대희 · 김현우 · 안남영 · 허재선 공저, 『환경, 인류 그리고 지속가능한 사회』, 월드사이언스, 2005.

10. 「우리와 다음」 32호, 환경정의, 2005.

사진협조

UNEP, 「Our Planet」 한국어판 2 · 3 · 13호, 2002~2003.

지구가 정말 이상하다

| 펴낸날 | 초판 1쇄 2005년 6월 5일 |
| | 개정 7쇄 2018년 7월 5일 |

지은이	이기영
펴낸이	심만수
펴낸곳	(주)살림출판사
출판등록	1989년 11월 1일 제9-210호

주소	경기도 파주시 광인사길 30
전화	031-955-1350 팩스 031-624-1356
홈페이지	http://www.sallimbooks.com
이메일	book@sallimbooks.com

ISBN 978-89-522-0383-6 03450